食材前期处理指南

甘智荣 主编

吉林科学技术出版社

图书在版编目（CIP）数据

食材前期处理指南 / 甘智荣主编. -- 长春 : 吉林科学技术出版社, 2020.3
ISBN 978-7-5578-5188-0

Ⅰ. ①食… Ⅱ. ①甘… Ⅲ. ①食品-原料②食谱 Ⅳ. ①TS202②TS972.12

中国版本图书馆CIP数据核字(2018)第257549号

食材前期处理指南

SHICAI QIANQI CHULI ZHINAN

主　　编　甘智荣
出 版 人　宛　霞
责任编辑　宿迪超
封面设计　深圳市金版文化发展股份有限公司
制　　版　深圳市金版文化发展股份有限公司
幅面尺寸　170 mm × 240 mm
字　　数　200千字
印　　张　12
印　　数　1-6000册
版　　次　2020年3月第1版
印　　次　2020年3月第1次印刷
出　　版　吉林科学技术出版社
发　　行　吉林科学技术出版社
地　　址　吉林省长春市福祉大路5788号
邮　　编　130118
发行部电话/传真　0431-81629529　81629530　81629531
　　　　　　　　　81629532　81629533　81629534
储运部电话　0431-86059116
编辑部电话　0431-81629517
印　　刷　长春百花彩印有限公司
书　　号　ISBN 978-7-5578-5188-0
定　　价　45.80元

前言 PREFACE

我们都知道，美味的菜品在下锅之前，都需要经过洗、切等前期处理工作。美味并不是唾手可得的，要经过“千锤百炼”才能让你感受到它的魅力所在。

洗、切等前期处理工作看起来简单，操作起来却讲究多多。许多踏足厨房多年的人，也不一定了解每一种食材的正确处理方法。然而，一道菜肴的美味与否和它的前期处理工作息息相关，食材处理得好，做出来的菜品才会更美味。

生活中最常见的食材——蔬菜、畜肉、禽肉、蛋和水产，它们的前期处理方式虽然都是洗和切，但是在细节上却又大有不同。

例如蔬菜，它又分为根茎类、瓜果类、叶菜类等，因为形态的不同，它们的清洗方式和刀工处理方式也会有所区别，如白菜只需要清洗干净菜叶，再将菜叶切成块或丝即可；莴笋则需要先削了皮再清洗，然后切片或切丝。

肉类就更讲究了，有些还得拆掉骨头，在刀工方面更费力气和时间。

对于水产类来说，鱼是最常见的，处理过程也相对复杂，需要去鳞、鳃，还要将鱼

肚里的内脏和杂质去掉；虾则要去除虾线，再根据烹饪方法选择刀工方式。

针对这些内容，我们将本书也按照蔬菜篇、畜禽蛋篇和水产篇分为三部分，围绕生活中最常见的食材，详细介绍它们的清洗方法及刀工技巧，图文结合，简单易学。书中还列举了食材的性味、营养成分、功效、选购方法及保存方法，让大家吃得明白，吃得放心！

除此之外，每种食材后面还配有一道相应的菜谱，让你学以致用。不用绞尽脑汁去想这种食材该怎么做，有现成的美味等着你。

本书内容丰富，讲解细致，图文并茂，有很强的实用性。非常适合广大想要学习做菜的读者阅读，真正地起到帮助零基础读者独立完成菜肴的作用。

目录
CONTENTS

Part 1 蔬菜篇

Part 2 畜禽蛋篇

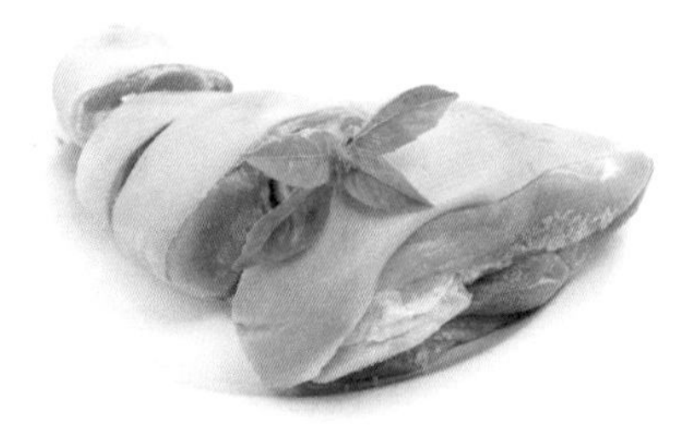

Part 3 水产篇

Part 1

蔬菜篇

说到蔬菜，大家都不陌生，但怎么吃蔬菜比较健康？什么人适合吃哪种蔬菜？食用蔬菜有哪些常见的误区？这些问题就不一定人人都能回答上来了。这里，我们就来了解一下关于蔬菜的知识吧！

白菜

性味▶ 性平，味甘。

营养成分▶ 含水分、蛋白质、多种维生素、脂肪、膳食纤维、钙、磷、铁、锌等。

选购▶ 要看白菜根部切口是否新鲜水嫩；购买整棵白菜时要选择卷叶坚实的，同样大小的白菜应选较重的。

保存▶ 温度在0℃以上，可在白菜叶上套上塑料袋，不用扎口，白菜根朝下竖着放即可。

白菜食盐清洗法

1 将食盐放入装有清水的盆中。

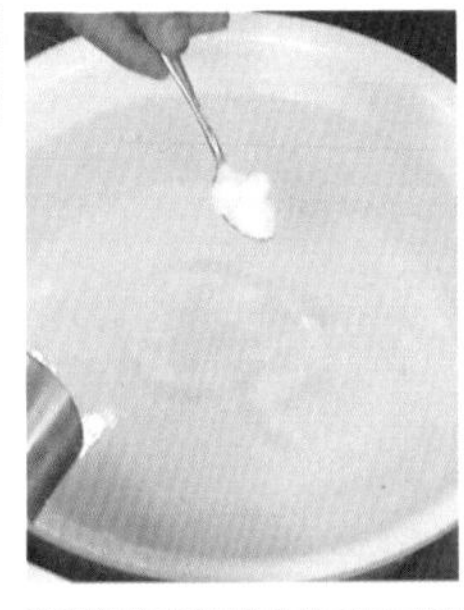

2 将对半切好的白菜放入食盐水中浸泡。

3 捞出白菜，用清水冲洗干净。

白菜切丝

1 将洗净的白菜切去叶子部分及根部。

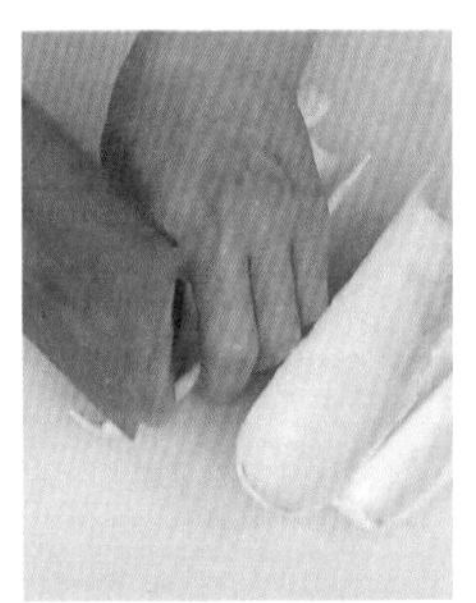

2 将切好的白菜帮修成长方形。

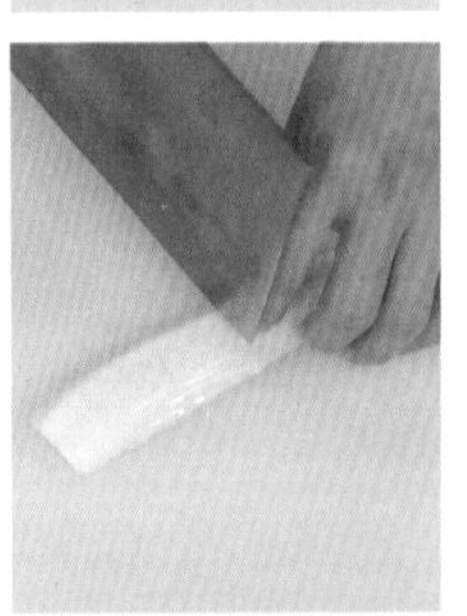

3 将白菜帮切成大小均匀的丝状。

小百科

白菜是市场上最常见的、最主要的蔬菜，因此有“菜中之王”的美称。

香辣肉丝白菜

材料

猪瘦肉60克

白菜85克

香菜20克

姜丝、葱丝、红椒圈各少许

调料

食盐2克

生抽3毫升

料酒4毫升

食用油适量

做法

❶ 洗净的白菜切粗丝，装碗；香菜切段；猪瘦肉切细丝。

❷ 锅中注入食用油烧热，倒入猪瘦肉丝，炒至变色，倒入姜丝、葱丝，爆香，加入料酒、食盐、生抽，炒匀。

❸ 盛出食材装入碗中，再倒入香菜段、红椒圈，拌匀至食材入味即可。

韭菜

性味▶ 性温，味甘、辛。

营养成分▶ 含有丰富的水分、膳食纤维、铁、钾、维生素A、维生素C等。

选购▶ 查看一下韭菜根部的割口是否整齐，如果整齐，则是新鲜的韭菜。

保存▶ 将韭菜洗干净后，用干净的纸张包裹住，再装进塑料袋中，放在冰箱中冷藏，大约可以保存3天。

韭菜食盐清洗法

1 将韭菜放在盆中，注入适量清水，倒入少量的食盐。

2 搅拌均匀，浸泡15分钟左右。

3 将韭菜捞出后用清水冲洗干净，沥干水即可。

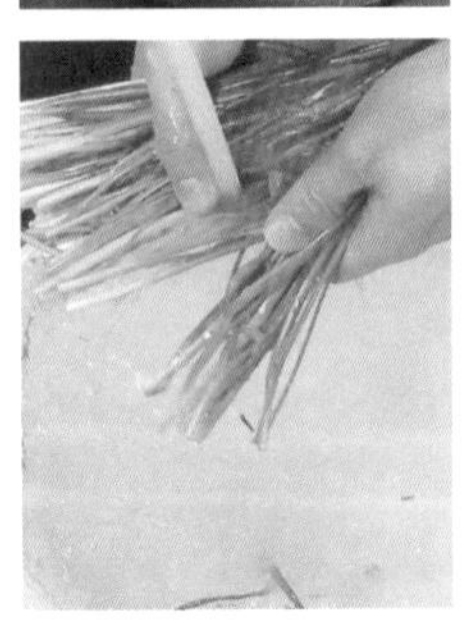

韭菜切小段

1 将韭菜放在砧板上，摆放整齐。

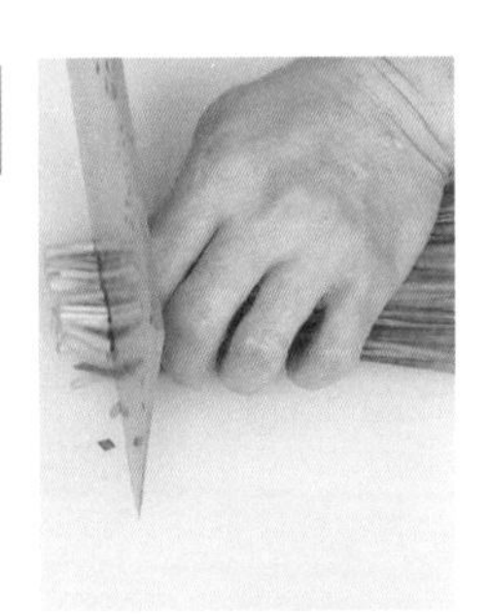

2 将韭菜切成2厘米的小段。

小百科

韭菜属百合科多年生草本植物，以种子和叶等入药。原产于东亚，我国栽培历史悠久，分布广泛。

韭菜炒鸡肉

材料

韭菜400克

鸡肉块100克

虾米15克

调料

食盐、食用油各适量

做法

1. 将洗净的韭菜切成小段，装碗备用。
2. 往炒锅中放入适量食用油，烧热。
3. 将韭菜段、切好的鸡肉块和虾米一同炒熟。
4. 加少许食盐，翻炒匀，出锅装盘即可。

芹菜

性味 ▶ 性凉，味甘、苦。

营养成分 ▶ 含蛋白质、膳食纤维、铁、锌、钙、维生素A、维生素C、维生素P等。

选购 ▶ 芹菜茎应光滑、松脆、长短适中、肉厚、质密，菜心结构完好，分枝脆嫩易折。

保存 ▶ 择除芹菜叶，用水洗净切大段，放入保鲜袋中，封好袋口，放入冰箱冷藏室。

芹菜食盐清洗法

1 去叶的芹菜放在装有水的盆中。

2 在水中加入食盐，搅匀后浸泡15分钟。

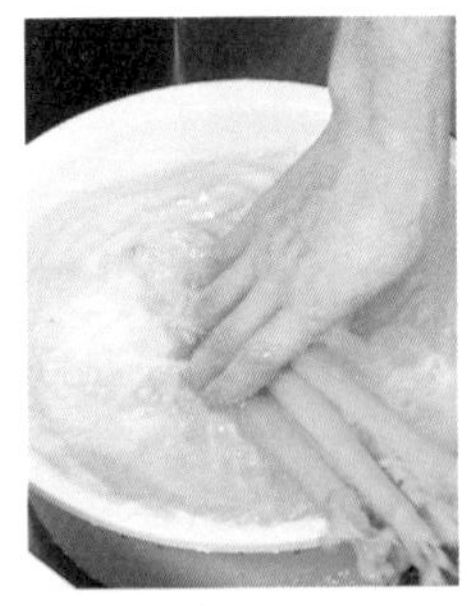

3 用软毛刷刷洗芹菜梗，用水冲洗两遍，沥干水分即可。

芹菜切条

1 将洗净的芹菜横向切成4厘米的长段。

2 将芹菜段纵向切成细条即可。

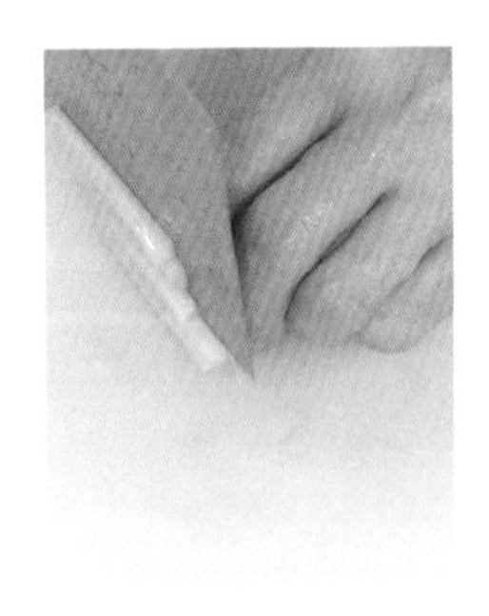

醋拌芹菜

材料

芹菜梗200克

彩椒10克

调料

果醋适量

小百科

在芹菜汁液中加入蜂蜜，充分搅拌，每天晚上洗脸后用其涂抹脸部，第二天早晨洗净，洁肤效果很好。

做法

❶ 洗净的彩椒切成丝，洗净的芹菜梗切成段。

❷ 锅中注水烧开，倒入芹菜梗，略煮，放入彩椒丝，煮至断生，捞出锅中食材，沥水待用。

❸ 将焯过水的食材倒入碗中，加入果醋，搅拌均匀即可。

生菜

性味▶ 性凉，味甘。

营养成分▶ 含有蛋白质、膳食纤维、脂肪、糖类、维生素A等。

选购▶ 应挑选叶质鲜嫩、叶绿梗白且无蔫叶的为佳。

保存▶ 用保鲜膜包裹住洗干净的生菜，切口向下，放在冰箱中冷藏即可。

生菜食盐清洗法

1 将生菜放进盆里，注入清水，使生菜完全没入水中。

2 加入1勺食盐，略为搅拌，让生菜在淡盐水中浸泡约20分钟。

3 将生菜抓洗一下，将水倒掉。

4 换水清洗生菜。

5 切除生菜根部。

6 将生菜冲洗净，沥干水即可。

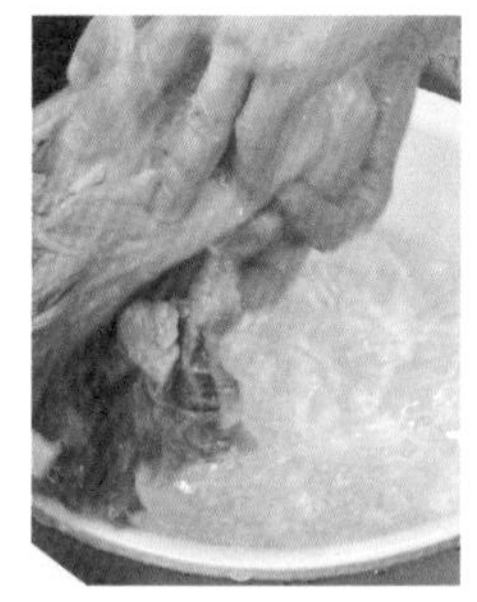

小百科

生菜叶子捣碎，加少量水，煮5分钟后捞出，包入纱布中，晾温后敷脸，剩下的汤汁可用来洗脸。这样有助于去除脸上的痘印。

香菇扒生菜

材料

生菜400克

香菇70克

彩椒50克

姜片、蒜末各少许

调料

食盐、鸡粉各2克

蚝油6克

老抽、生抽、水淀粉、食用油各适量

做法

❶ 洗净的生菜切开，洗好的香菇切块，洗净的彩椒切丝。锅注水烧开，倒入食用油，放入生菜煮约1分钟，捞出摆盘；倒入香菇块，煮约半分钟，捞出。

❷ 用油起锅，注水，放入姜片、蒜末及除了食用油以外的调料，煮沸成味汁。

❸ 将炒好的香菇块摆在生菜上，浇上味汁，撒上 彩椒丝即可。

菠菜

性味▶ 性凉，味甘、辛。

营养成分▶ 含蛋白质、脂肪、糖类、铁、钾、维生素、胡萝卜素等。

选购▶ 购买菠菜时，尽量挑选叶子色泽浓绿，且根部为红色的。

保存▶ 用保鲜膜包好放在冰箱里，一般在2天之内食用可以保持菠菜的新鲜口感。

菠菜食盐清洗法

1 切除菠菜根部，不要扔掉。

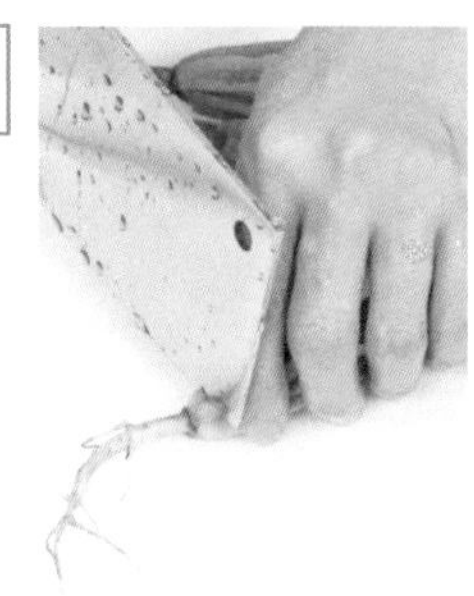

2 将菠菜叶放入盆里，倒入清水、食盐，搅拌均匀，浸泡。

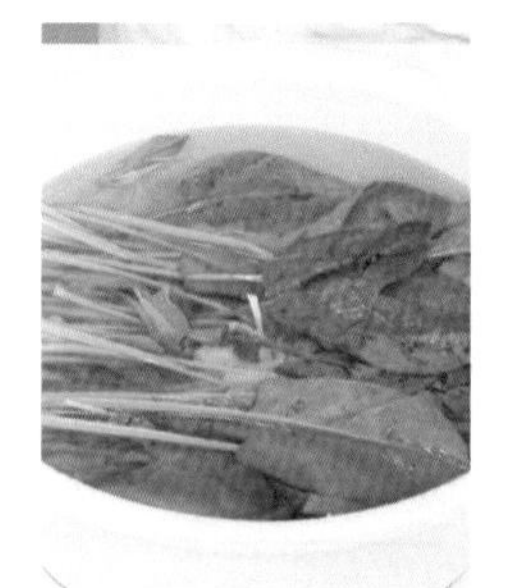

3 把菠菜根放进大碗里，倒入清水、食盐浸泡。

4 用剪刀将根须剪掉，把水倒掉。

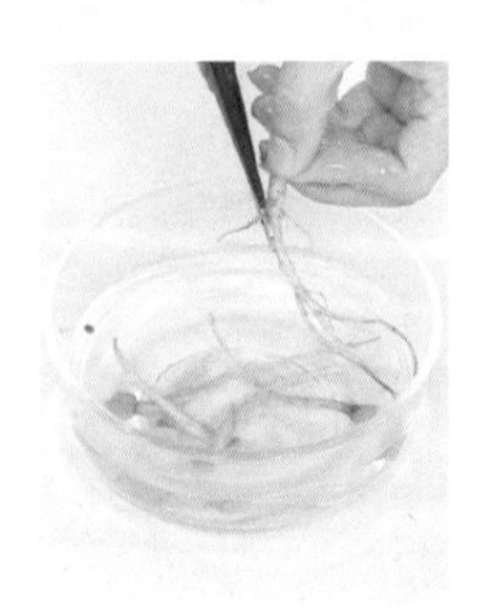

5 倒入清水，搓洗菠菜根。

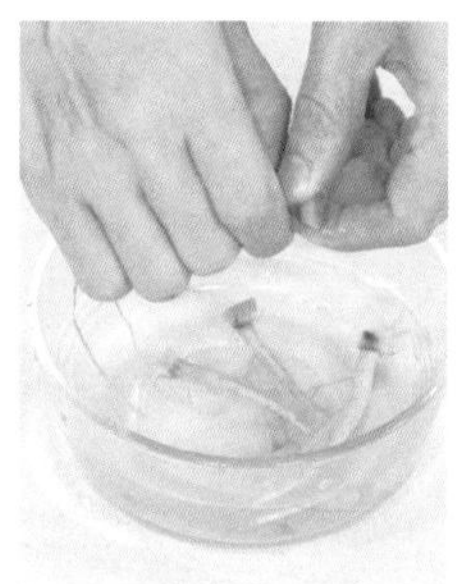

6 泡好的菠菜叶捞出，冲洗干净，沥干水分即可。

菠菜切段

1 将洗好的菠菜放在砧板上，摆放整齐。

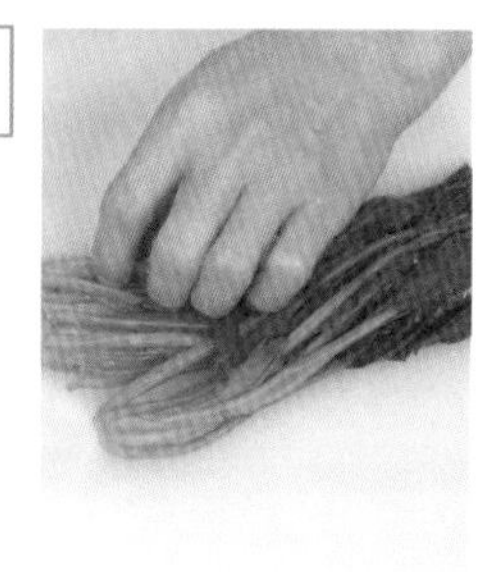

2 将菠菜切成5厘米的长段。

牛油果菠菜沙拉

材料

牛油果100克

菠菜叶80克

圣女果40克

核桃仁15克

酸奶10毫升

做法

❶ 去皮、去核的牛油果切成块；洗净的圣女果去蒂，对半切开。

❷ 备好碗，放入牛油果、圣女果、洗净的菠菜叶、核桃仁，倒入酸奶，拌至均匀。

小百科

菠菜为藜科植物，原产于伊朗，我国各地普遍栽培，为常见的绿叶蔬菜之一，以叶片及嫩茎供食用。

青椒

性味▶ 性热，味辛。

营养成分▶ 含有丰富的维生素C、镁、钾、膳食纤维、β-胡萝卜素、叶酸等。

选购▶ 作为鲜食的辣椒，以大小均匀而脆嫩新鲜者为上品。要挑无腐烂、虫害者。

保存▶ 将鲜辣椒均匀地埋在草木灰里，可长久不坏。

青椒食盐清洗法

1 青椒放入加了食盐的清水中，浸泡5分钟。

2 将凹陷处冲洗一下。

3 用清水冲洗干净即可。

青椒切小块

1 将洗净的青椒去蒂、去尾。

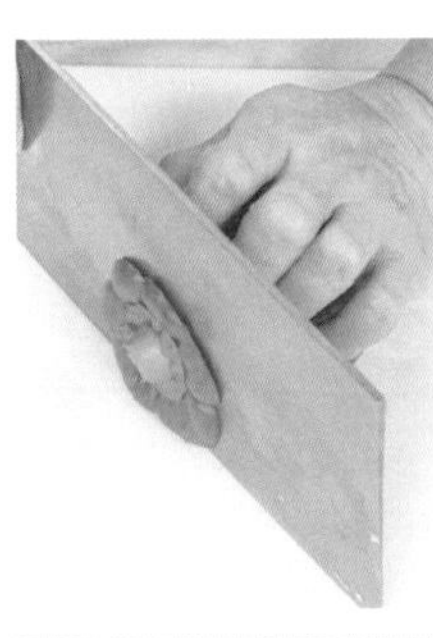

2 将青椒横着放好，用刀在青椒的最右边切一刀，但不切断。

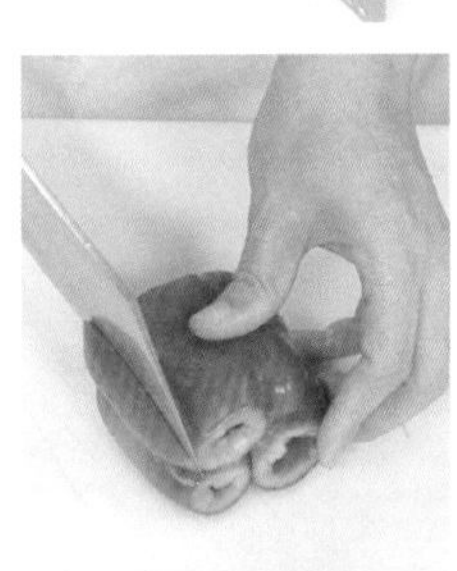

3 滚动青椒，将青椒肉和青椒籽分开。

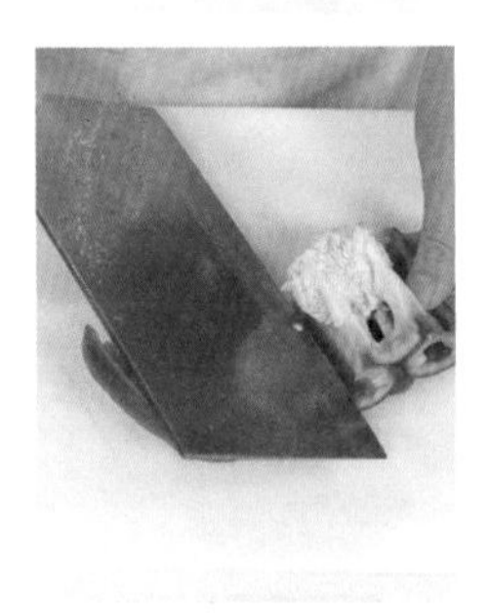

4 刮去青椒内部的棱。

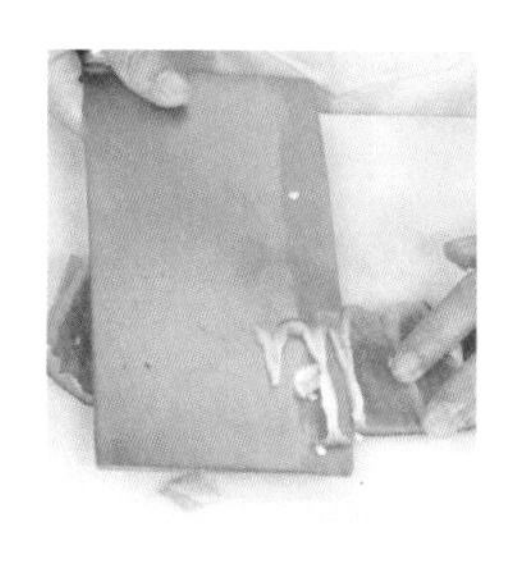

5 将青椒切成均匀的小块。

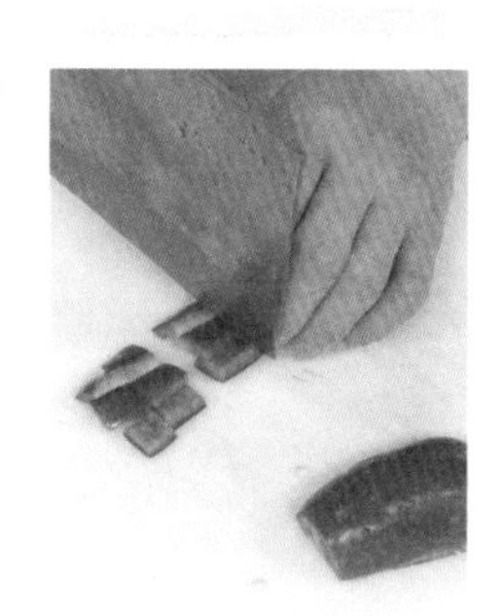

青椒洋葱炒鳝鱼

材料

鳝鱼200克
青椒60克
洋葱50克
姜片、蒜末各少许

调料

食盐、料酒、生抽、水淀粉、食用油各适量

做法

❶ 青椒、洋葱、鳝鱼均切块；鳝鱼加料酒和少许食盐腌渍。

❷ 将鳝鱼焯烫片刻，捞出，沥干水分。

❸ 锅内注入食用油烧热，放入姜片、蒜末爆香，加入青椒块、洋葱块，炒匀，再放入鳝鱼和调料，炒至熟即可。

小百科

青椒与苦瓜同食，可以使人体吸收的营养更全面，而且还有美容养颜、瘦身健体的效果。

冬瓜

性味▶ 性微寒，味甘淡。

营养成分▶ 含蛋白质、糖类、多种维生素、钙、磷、铁、膳食纤维、胡萝卜素等。

选购▶ 冬瓜的外表是如炮弹般的长棒形，以瓜条匀称、表皮有一层粉末、不腐烂、无伤斑的为好。

保存▶ 整个冬瓜可以放在常温下保存；切开后，用保鲜膜包起来，放在冰箱的冷藏室内保存。

冬瓜清洗法

1 用削皮刀将冬瓜的外皮削去。

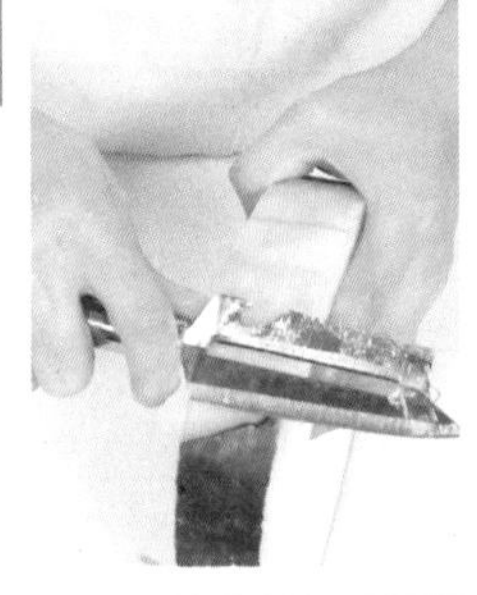

2 将冬瓜中间的瓤掏干净。

3 将处理好的冬瓜冲洗干净即可。

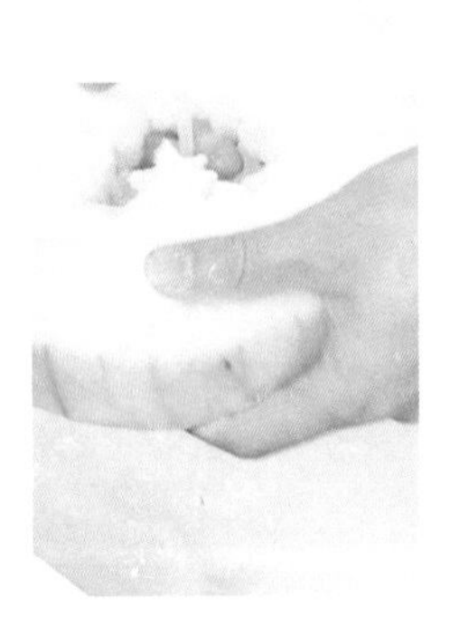

冬瓜切圆片

1 将洗净去皮的冬瓜平放在砧板上，把圆柱形模具放在冬瓜上。

2 用手掌用力将模具压下去。

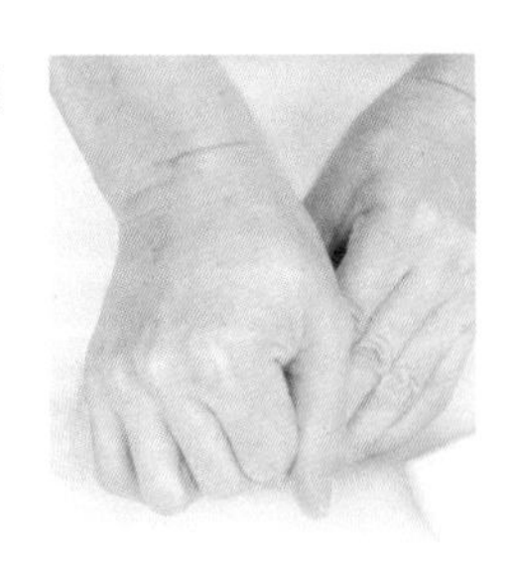

3 将模具中的冬瓜圆柱取出来。

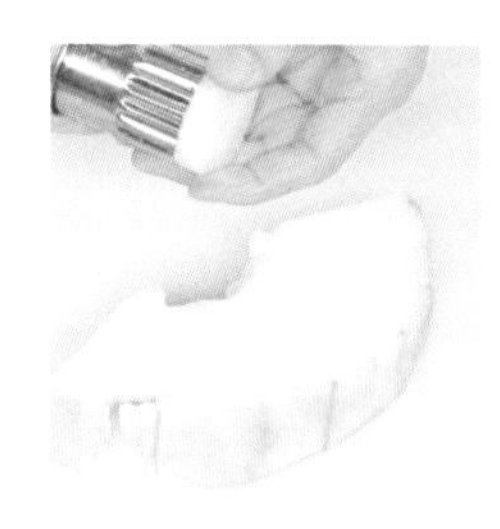

4 用同样的方法，将冬瓜分解成若干个圆柱。

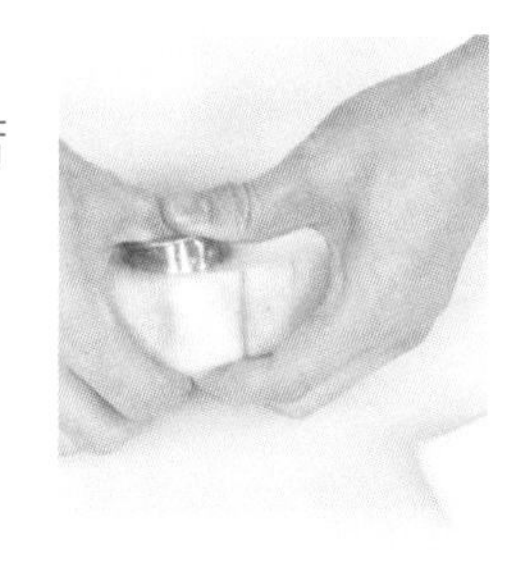

5 将冬瓜圆柱平放在砧板上，切除多余的边角，直刀切成圆片。

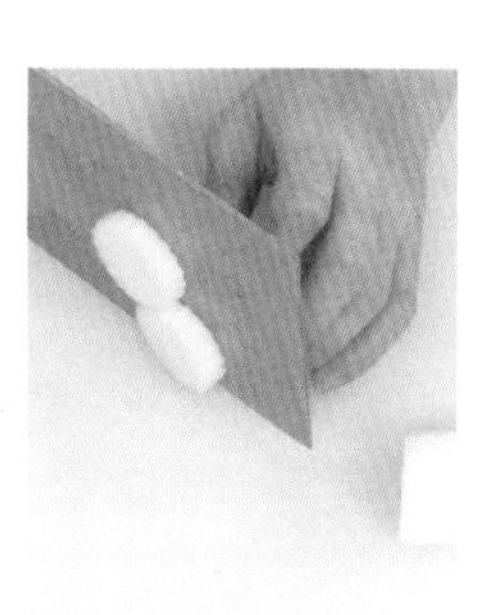

小百科

冬瓜藤鲜汁用于洗面、洗澡，可美白皮肤，使皮肤有光泽，是廉价的天然美容剂。

白菜冬瓜汤

材料

大白菜180克

冬瓜200克

枸杞子8克

姜片、葱花各少许

调料

食盐、鸡粉各2克

食用油适量

做法

❶ 将洗净去皮的冬瓜切成片，洗好的大白菜切成小块。

❷ 锅内注入食用油烧热，放入姜片，爆香，倒入冬瓜片、大白菜、水、枸杞子，盖上盖，烧开后用小火煮至食材熟透。

❸ 揭盖，加入食盐、鸡粉搅匀调味，装入碗中，撒上葱花即可。

南瓜

性味 ▶ 性温，味甘。

营养成分 ▶ 含有蛋白质、维生素、钙、磷、糖类、胡萝卜素等。

选购 ▶ 无论是日本小南瓜还是本地南瓜，选表面略有白霜的，又面又甜。

保存 ▶ 一般完整的南瓜放置在阴凉处可保存1个月左右。

南瓜清洗法

1 将整个南瓜一分为二。

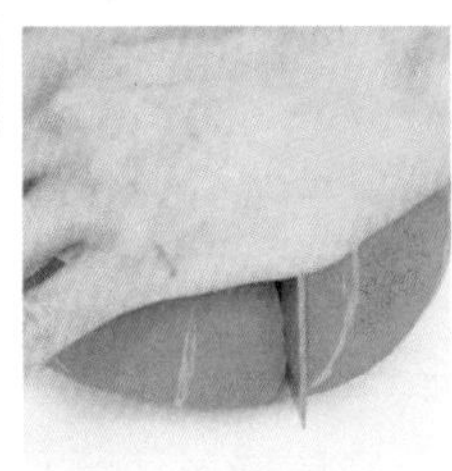

2 切去南瓜蒂。

3 切去南瓜皮。

4 再次对切南瓜。

5 小勺挖去瓜瓤。

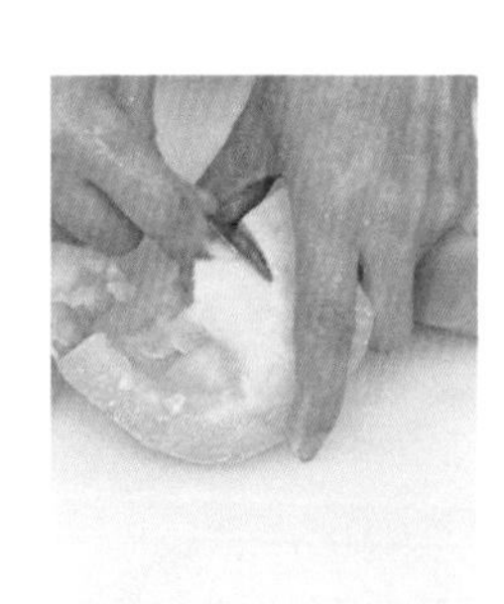

6 放在盆中用清水冲洗干净，沥干水即可。

小百科

将100粒南瓜子洗干净后炒熟，再研成细末，用调了蜂蜜的开水冲服，餐前分两次服用，能驱蛔虫。

南瓜切丁

1 取一块去皮、洗净的南瓜，剔净瓜瓤。

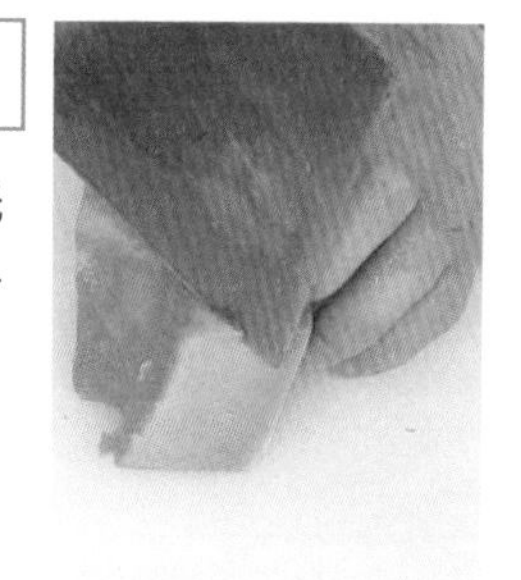

2 将南瓜块竖着放，切成厚片。

3 将其余的南瓜都切成厚片。

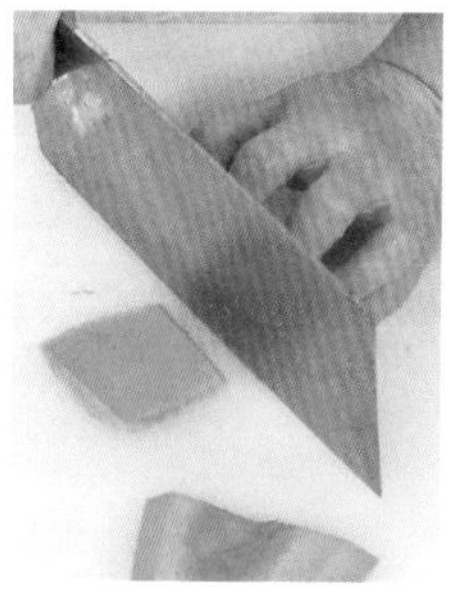

4 将厚片平放，切成宽条形。

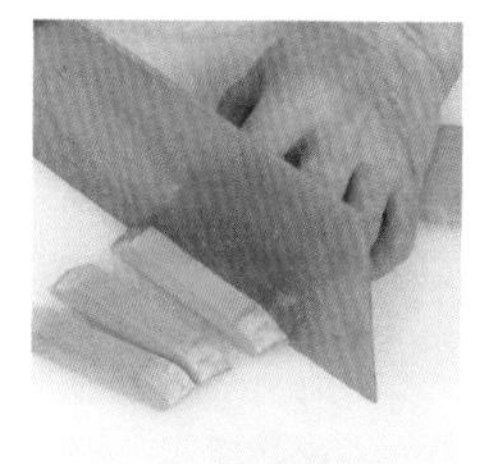

5 将切好的南瓜条摆放整齐，切成丁状即可。

椰汁南瓜芋头煲

材料

南瓜80克

芋头120克

椰汁60毫升

做法

❶ 洗净的南瓜去皮、去子，切成块；去皮的芋头洗净，切成块。

❷ 锅中注入椰汁，放入南瓜块、芋头块，拌匀，煮至熟软，盛入碗中即可。

苦瓜

性味▶ 性寒，味苦。

营养成分▶ 含蛋白质、糖类、胰岛素、脂肪、维生素C、膳食纤维、钙、磷、铁、胡萝卜素等。

选购▶ 苦瓜应选择表皮完整，无病虫害，有光泽，头厚尾尖，纹路分布直立、深而均匀的。

保存▶ 苦瓜不耐保存，用保鲜袋装好，放冰箱中存放，不宜超过2天。

苦瓜食盐清洗法

1 苦瓜从中间切断。

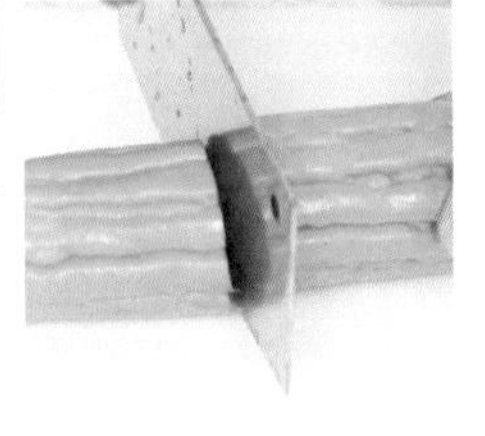

2 将苦瓜放入洗菜盆里。

3 倒入清水。

4 加入少量的食盐，搅匀，浸泡15分钟。

5 用毛刷刷洗苦瓜表面。

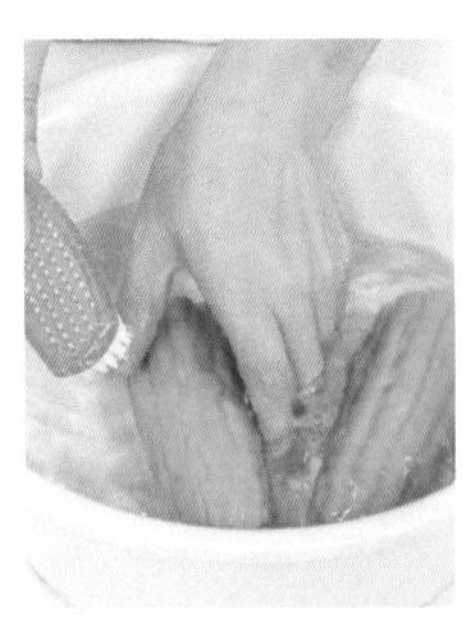

6 捞起来冲洗干净，沥水即可。

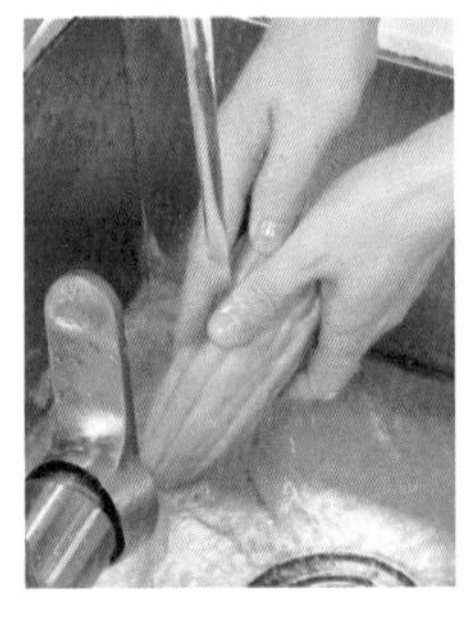

小百科

在燥热的夏天，可以在脸上敷上冰过的苦瓜，能够快速消除皮肤的燥热，令身心凉爽。

苦瓜切菱形块

1 将洗净的苦瓜切去头和尾。

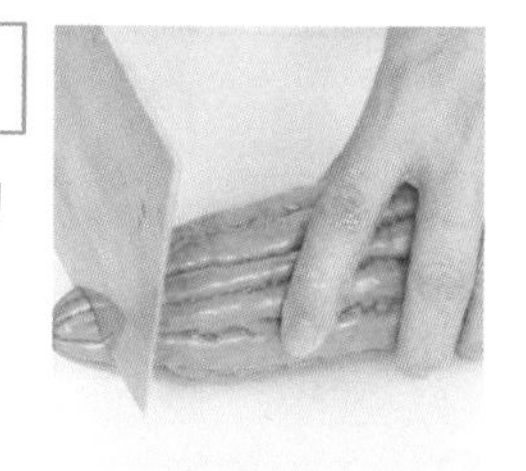

2 对半切开。

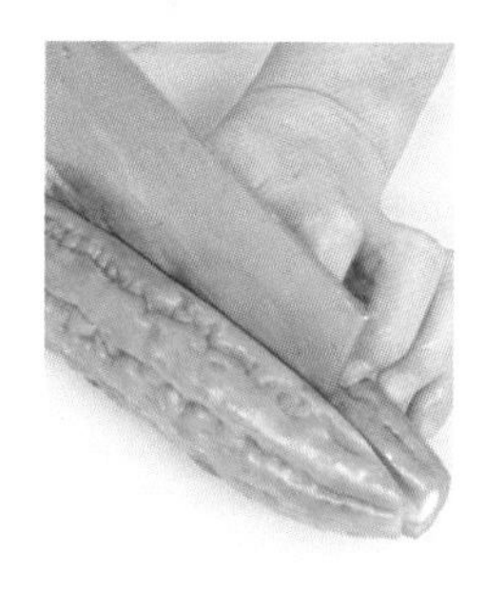

3 用小勺挖出苦瓜瓤。

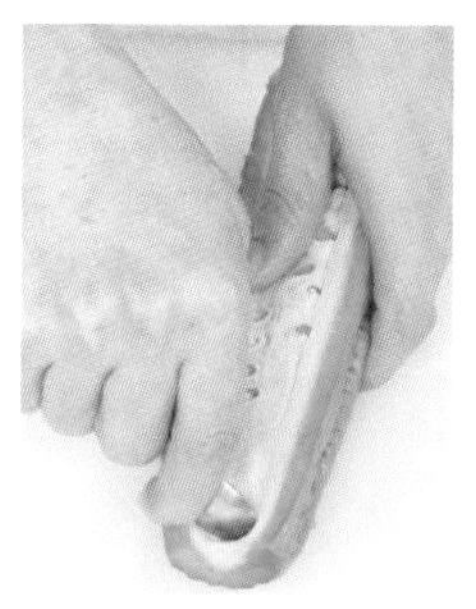

4 纵向切苦瓜肉。

5 将苦瓜肉切成长条，再斜刀切成菱形块。

咸蛋黄焗苦瓜

材料	调料
咸蛋黄80克	食盐、小苏打、鸡粉各2克
苦瓜150克	食用油适量
蒜末少许	

做法

❶ 洗净去瓤的苦瓜切成块；咸蛋黄压碎，剁成末。

❷ 锅中注水烧开，加入小苏打、苦瓜块，煮约1分钟，捞出，沥干水分。

❸ 锅中注入食用油烧热，放入蒜末爆香，放入咸蛋黄、苦瓜块，炒匀，加入食盐、鸡粉，炒匀，盛出装盘即可。

丝瓜

性味 ▶ 性凉，味甘。

营养成分 ▶ 含脂肪、蛋白质、维生素C、B族维生素等。

选购 ▶ 丝瓜表皮应为嫩绿色或淡绿色，摸摸丝瓜的外皮，挑外皮细嫩些的。

保存 ▶ 丝瓜不宜久藏，可先切去蒂头，再用纸包起来放到阴凉通风的地方保存。

丝瓜淘米水清洗法

1 将丝瓜放入淘米水中浸泡10分钟左右。

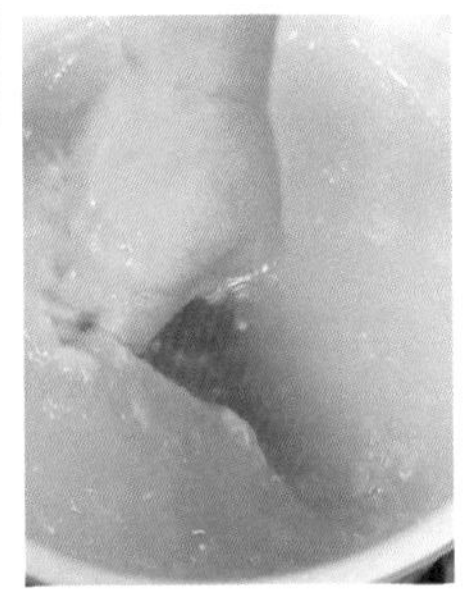

2 用流水将丝瓜冲洗干净，削皮。

3 用流水将去皮后的丝瓜冲洗干净即可。

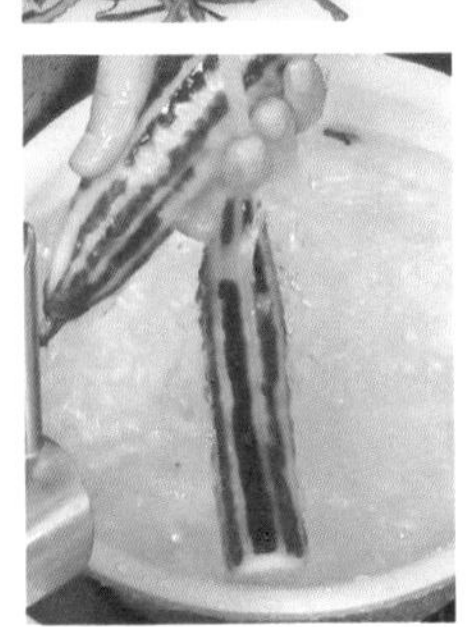

丝瓜切块

1 将洗净去皮的丝瓜对半切开。

2 切成条。

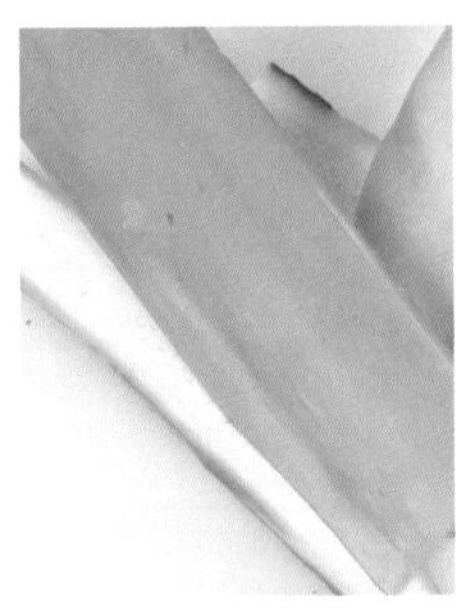

3 叠放整齐，再切成块。

小百科

丝瓜中富含B族维生素、维生素C等成分，常吃可美白皮肤、消除斑块，故有“美容瓜”之称。

肉末蒸丝瓜

材料

肉末80克

丝瓜150克

香菇丁、葱花各少许

调料

食用油、食盐、生抽各适量

做法

❶ 丝瓜洗净去皮，对半剖开，切段。

❷ 起油锅，倒入肉末炒至变色，放入香菇丁继续翻炒，再放入食盐和生抽，制成酱料，装碗备用。

❸ 取蒸盘，摆好丝瓜段，铺上酱料，铺匀；蒸锅上火烧开，放入蒸盘，大火蒸至熟透，取出撒上葱花即可。

西红柿

性味▶ 性凉，味甘、酸。

营养成分▶ 含有机碱、番茄碱、钙、镁、钾、维生素A、B族维生素、维生素C等。

选购▶ 西红柿一般以果形周正，无裂口、虫咬，圆润、丰满、肉肥厚，心室小者为佳。

保存▶ 将西红柿装到保鲜袋中，注意蒂头朝下分开放置，若将西红柿重叠摆放，重叠的部分腐烂较快，之后放入冰箱冷藏室，可保存1周左右。

西红柿食盐清洗法

1 在洗菜盆中加入清水和食盐，放入西红柿，浸泡几分钟。

2 搓洗西红柿表面，择除蒂头。

3 将西红柿捞起来，用清水冲洗两遍，沥干水分即可。

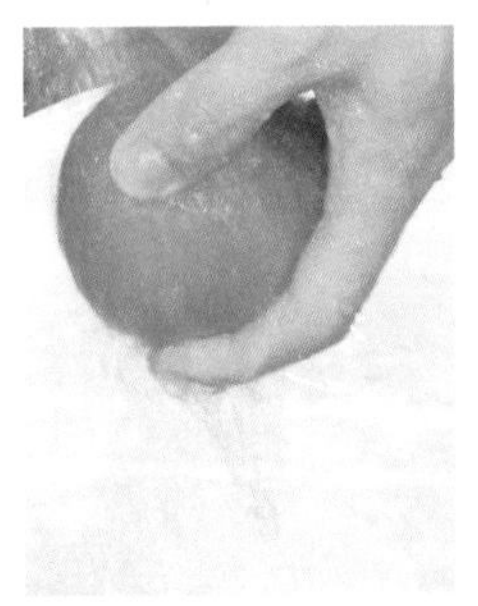

西红柿切片

1 洗净的西红柿切除蒂部。

2 把西红柿切成片状即可。

小百科

将鲜熟西红柿捣烂取汁，加少许白糖，每天用其涂面，能使皮肤细腻光滑，美容防衰老效果极佳。

西红柿猕猴桃沙拉

材料

西红柿150克

猕猴桃120克

黑橄榄15克

调料

蜂蜜适量

做法

1. 洗净的西红柿去蒂，切成片；猕猴桃去皮，切成片；黑橄榄对半切开。
2. 备好干净的碗，放入西红柿片、猕猴桃片、黑橄榄块，加入蜂蜜，拌至入味。

黄瓜

性味▶ 性凉，味甘。

营养成分▶ 含有膳食纤维、维生素、乙醇、丙醇、多种游离氨基酸等。

选购▶ 挑选时，应选择黄瓜条直、粗细均匀的，带刺、挂白霜的黄瓜为新摘的鲜瓜，瓜色鲜绿、有纵棱的是嫩瓜。

保存▶ 可将表面的水分擦干，放入保鲜袋中，封好袋后放入冰箱冷藏即可。

黄瓜食盐清洗法

1 将黄瓜用清水简单冲洗一下。

2 加入少量的食盐搅拌均匀，浸泡15分钟。

3 用清水将黄瓜冲洗干净，沥干水分。

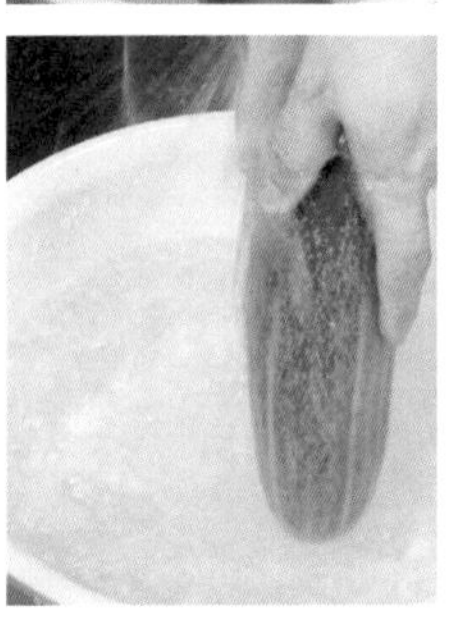

黄瓜切菱形块

1 取一截洗净的黄瓜，对半切开。

2 将黄瓜切成粗条。

3 用平刀法去掉黄瓜瓤。

4 将去瓤的黄瓜条摆放整齐。

5 将黄瓜条用斜刀切成菱形。

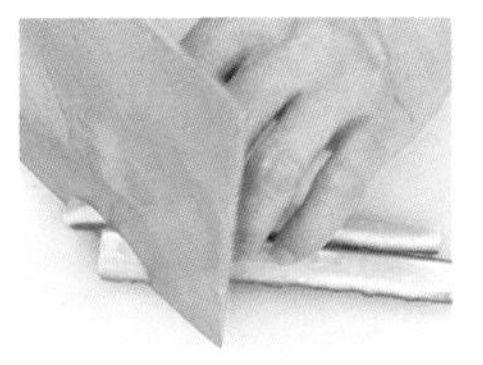

黄瓜属葫芦科植物，是西汉时张骞出使西域带回中原的，当时称为胡瓜，五胡十六国时后赵皇帝石勒忌讳“胡”字，汉臣襄国郡守樊坦将其改为“黄瓜”。

黄瓜沙拉

材料	调料
黄瓜1根	食盐3克
薄荷叶20克	胡椒碎2克
白芝麻少许	橄榄油适量

做法

❶ 洗净的黄瓜去蒂，切成块；洗净的薄荷叶切成丝。

❷ 备好碗，放入黄瓜块、薄荷叶丝、食盐、胡椒碎、橄榄油、白芝麻，搅拌均匀即可。

白萝卜

性味▶ 性平，味甘、辛。

营养成分▶ 含膳食纤维、维生素C、钙、磷、铁、钾、叶酸等。

选购▶ 新鲜白萝卜色泽嫩白，应选择表皮光滑、皮色正常者。

保存▶ 白萝卜最好能带泥存放，如果室内温度不太高，可放在阴凉通风处保存。

白萝卜食盐清洗法

1 将白萝卜放在盆中，注入清水。

2 倒入少量的食盐，拌匀，浸泡15分钟左右。

3 将白萝卜捞出之后，用清水冲洗干净，沥干水分即可。

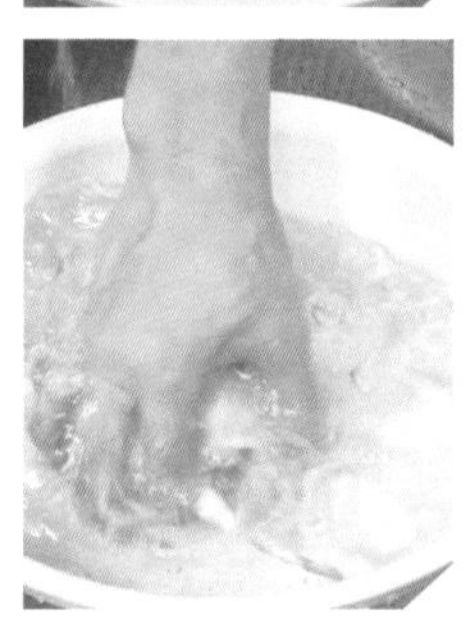

白萝卜切片

1 取洗净去皮的白萝卜，切成适当长度的段。

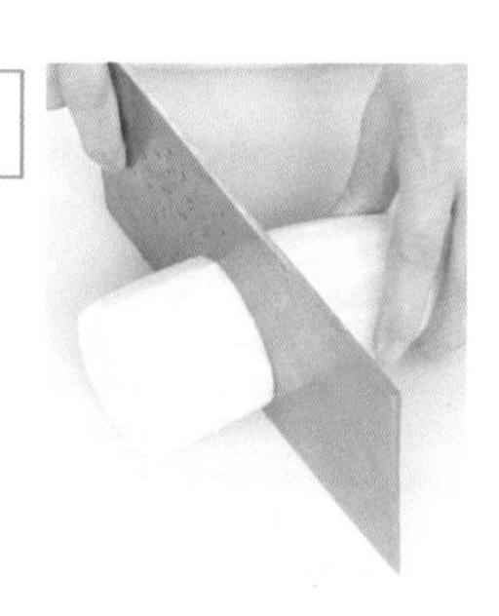

2 将萝卜段竖放，纵向切成两半。

3 将白萝卜段切去弧形边缘。

4 将白萝卜块平放。

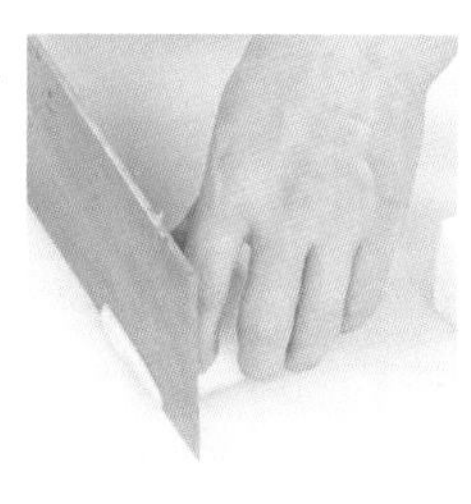

5 顶刀将白萝卜块切成薄片，即可装盘待用。

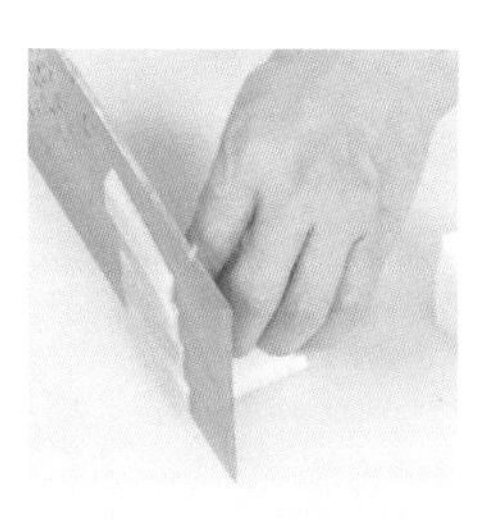

小百科

切开的白萝卜搭配清洁剂擦洗厨房台面，将会产生意想不到的清洁效果。将白萝卜汁加等量的温开水，用于洗脸，可使皮肤清爽光滑。

蜜蒸白萝卜

材料

白萝卜350克

枸杞子8克

调料

蜂蜜50克

做法

❶ 将洗净去皮的白萝卜切成条，备用。

❷ 取一个干净的蒸盘，放上切好的白萝卜条，摆好，再撒上洗净的枸杞子，待用。

❸ 蒸锅上火烧开，放入装有白萝卜条的蒸盘，盖上盖，用大火蒸约5分钟，至白萝卜条熟透。

❹ 揭开盖，取出蒸好的白萝卜条，趁热浇上蜂蜜即可。

胡萝卜

性味▶ 性温，味甘、辛。

营养成分▶ 含维生素B_1、维生素B_2、钙、铁、磷、胡萝卜素等。

选购▶ 以形状规整、表面光滑且柱细为佳。

保存▶ 可用报纸包好，放在阴凉处保存。

胡萝卜食盐清洗法

1 将胡萝卜放在盆中，注入清水，倒入食盐，浸泡15分钟左右。

2 用刷子刷洗胡萝卜表面。

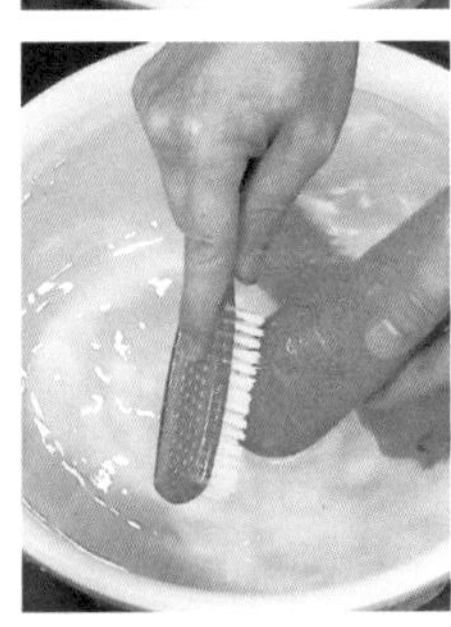

3 捞出之后用清水冲洗干净，沥干水即可。

胡萝卜切滚刀块

1 取一根洗净的胡萝卜，用刮刀刮去皮。

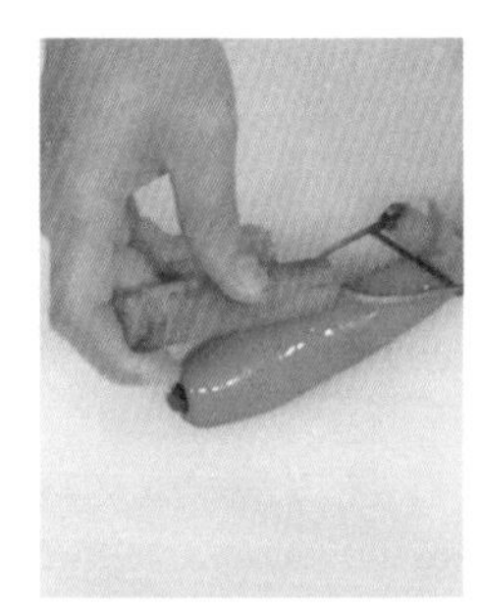

2 将头部、尾部都切掉。

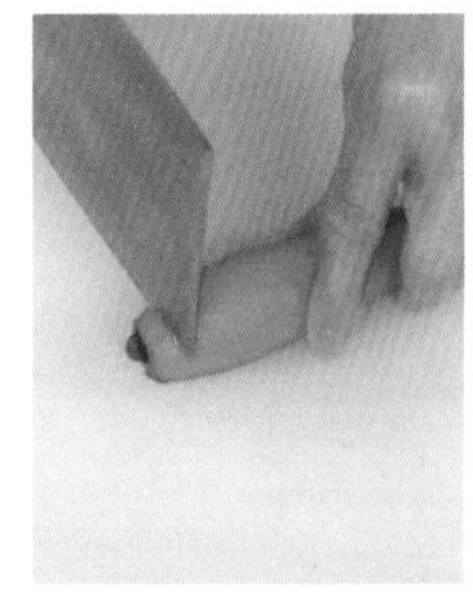

3 将胡萝卜切成滚刀块。

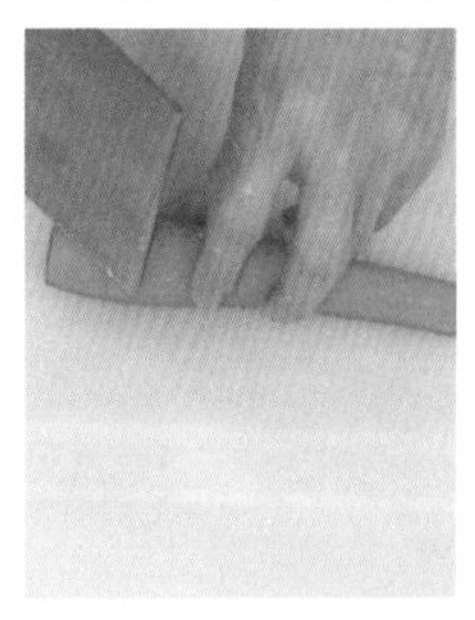

小百科

胡萝卜为伞形科植物，原产于亚洲西南部，我国栽培甚为普遍，以山东、河南、浙江、云南等省种植最多，品质亦佳。

胡萝卜牛尾汤

材料

牛尾段300克

去皮胡萝卜150克

姜片、葱花各少许

调料

料酒5毫升

食盐2克

做法

❶ 洗净去皮的胡萝卜切滚刀块；沸水锅中放入牛尾段，汆煮至去除血水和脏污，捞出。

❷ 砂锅中注水烧开，放入牛尾段，加入料酒、姜片，煲煮至牛尾段变软，倒入胡萝卜块，续煮至食材熟软。

❸ 加入食盐，搅匀调味，装入碗中，撒上葱花即可。

红薯

性味▶ 性平，味甘。

营养成分▶ 含糖类、膳食纤维、胡萝卜素、维生素A、维生素C、生物类黄酮、钾等。

选购▶ 以纺锤形状者为最佳，并且还要看表面是否光滑。

保存▶ 红薯买回来后，可放在外面晒一天，再放到阴凉通风处保存。

红薯清洗法

1 将红薯放入装有水的盆中。

2 用刷子把红薯表面刷干净。

3 用削皮器削去红薯皮。

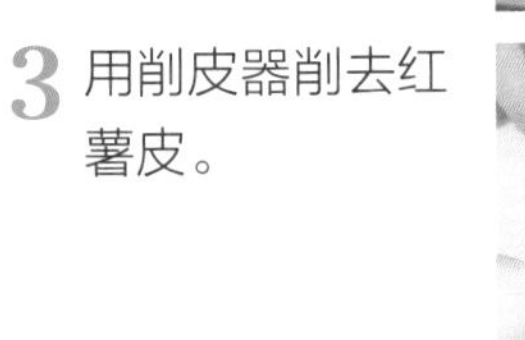

4 把去皮的红薯冲洗干净。

红薯切条

1 去皮洗净的红薯切掉头尾。

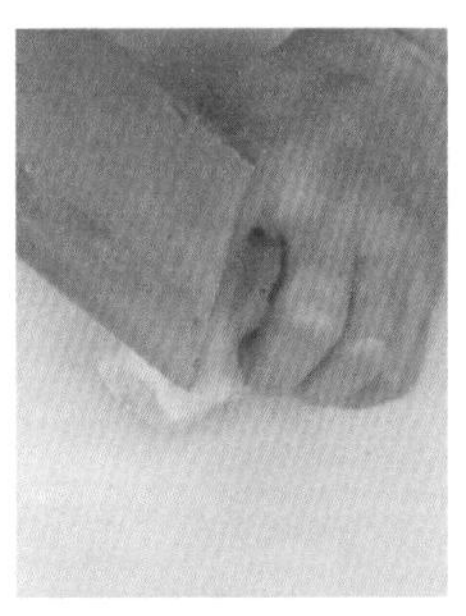

2 切成厚片，再切成条状即可。

小百科

红薯原产南美洲及大、小安的列斯群岛，最早传入中国约在明朝万历年间，经云南、广东、福建等地传入中国。

胡萝卜红薯条

材料

胡萝卜、红薯各80克

调料

蜂蜜适量

做法

1. 胡萝卜洗净去皮，切成条；红薯洗净去皮，切成条。
2. 将胡萝卜条、红薯条码放在蒸盘中。
3. 蒸锅置于火上烧热，放入蒸盘，蒸至熟软，取出装盘，放凉后淋上蜂蜜即可食用。

洋葱

性味▶ 性温，味甘、微辛。

营养成分▶ 含维生素C、膳食纤维、钾、锌、叶酸、硒、槲皮素、前列腺素A等。

选购▶ 透明表皮中带有茶色纹理的较佳。

保存▶ 洋葱装进不用的丝袜里，每个中间打个结，使它们分开，将其吊在通风的地方。

洋葱食盐清洗法

1 在放有洋葱的盆中注入清水。

2 加入少量食盐。

3 搅拌均匀，浸泡15分钟。

4 浸泡好的洋葱捞出，切去两头。

5 剥去洋葱外面老皮。

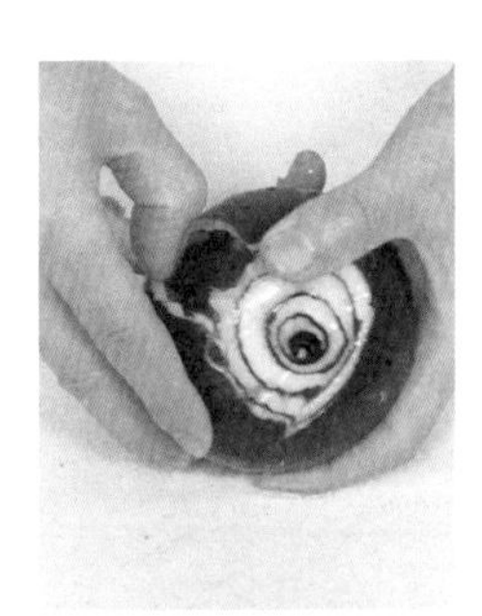

6 用流水将洋葱冲洗干净，沥干水。

小百科

洋葱外边包着一层薄薄的皮，或白，或黄，或紫，里面是一层一层的洋葱肉。国人惧怕其特有的辛辣香气，而在国外它被誉为“菜中皇后”。

洋葱切块

1 去皮洗净的洋葱切成两半。

2 对半切开，变成四瓣。

3 切去洋葱不平整的边角。

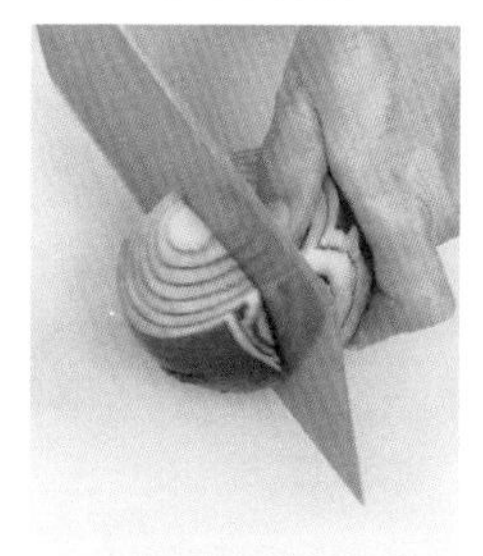

4 将洋葱切口朝下放好，再纵向切几刀。

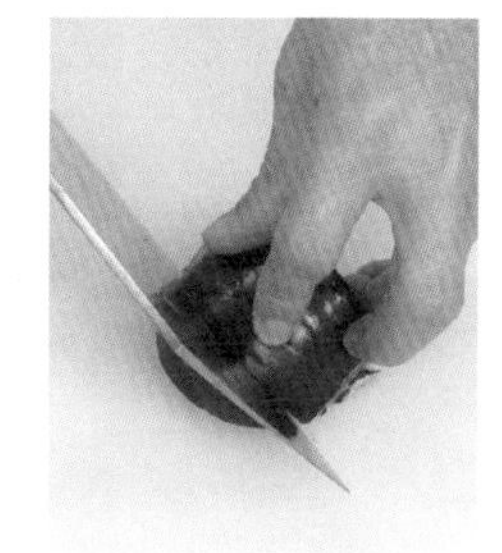

5 将切好的洋葱摆好，以2厘米左右的宽度切块。

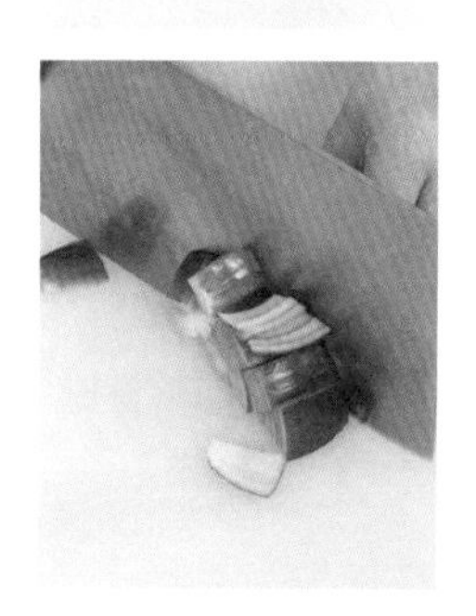

洋葱腊肠炒蛋

材料

洋葱55克
腊肠85克
鸡蛋液120克

调料

食盐2克
水淀粉、
食用油各适量

做法

❶ 将洗净的腊肠切成小段；洗好的洋葱切成小块。

❷ 把鸡蛋液装入碗中，加入食盐，倒入水淀粉，快速搅拌一会儿，待用。

❸ 锅中倒入食用油烧热，倒入腊肠段，炒香，放入洋葱块，用大火快炒至变软。

❹ 倒入调好的鸡蛋液，铺开呈饼形，再炒散，至食材熟透即成。

莴笋

性味 ▶ 性凉，味甘、苦。

营养成分 ▶ 含有蛋白质、脂肪、膳食纤维、糖类、维生素A、B族维生素、钾、磷、钙、钠等。

选购 ▶ 以皮薄、质脆、水分充足、笋条不空心、表面无锈色者为好。

保存 ▶ 直接用保鲜袋装好，放入冰箱冷藏，约可保鲜1周。

莴笋食盐清洗法

1 将莴笋的皮削掉，再切除根部，切成两截。

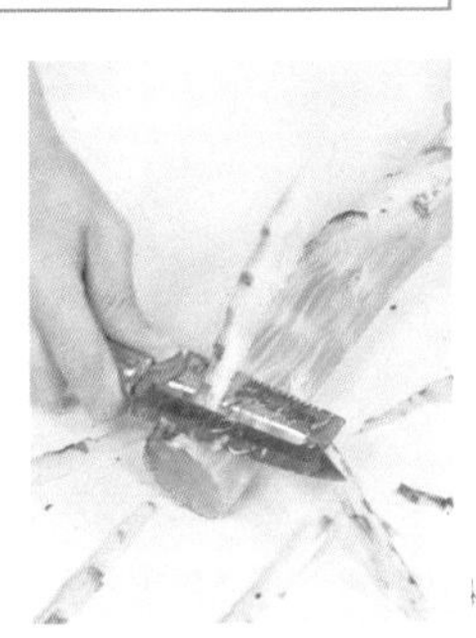

2 将莴笋放入食盐水中，浸泡10分钟左右。

3 将莴笋捞起后用清水冲洗2遍，沥水备用即可。

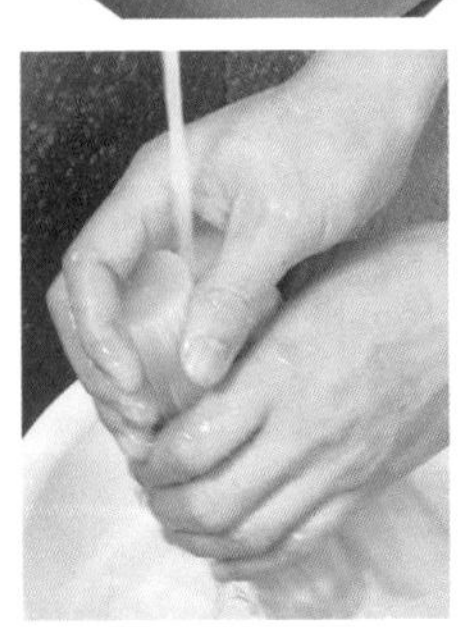

莴笋切丝

1 取洗净削皮的一段莴笋，从中间切成两截。

2 沿着莴笋边切成薄片。

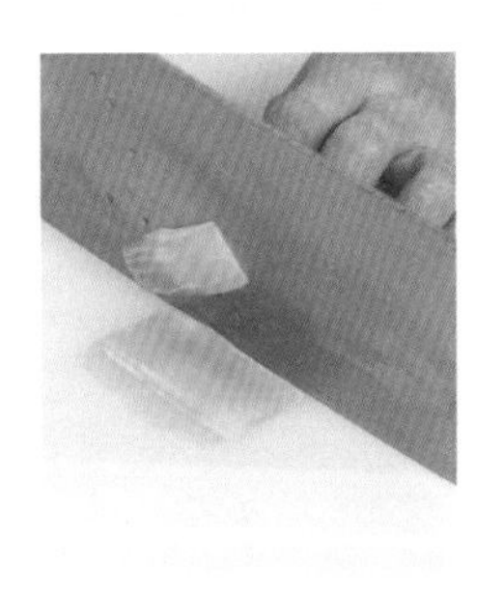

3 将莴笋片叠好。

4 所有的莴笋片都依次切成同样的丝状。

凉拌莴笋

材料

莴笋100克
胡萝卜、
黄豆芽各90克
蒜末少许

调料

食盐、生抽、陈醋、芝麻油各适量

做法

❶ 将洗净去皮的胡萝卜、莴笋切丝；胡萝卜丝、莴笋丝、黄豆芽焯水。

❷ 将焯好的食材装入碗中，撒上蒜末，加入食盐、生抽、陈醋、芝麻油，搅拌至食材入味。

❸ 取一个干净的盘子，盛入拌好的食材，摆好盘即成。

小百科

莴笋原产于地中海沿岸，约在五世纪初经西亚传入我国。莴笋分茎用和叶用两种，前者我国各地都有栽培，后者南方栽培较多。

土豆

性味▶ 性平，味甘。

营养成分▶ 含蛋白质、脂肪、维生素、钾、糖类等。

选购▶ 以外形肥大而匀称的为好，特别是以圆形的为最好。

保存▶ 土豆不用清洗直接装在保鲜袋中，放进冰箱冷藏室保存，可以保存1周左右。

土豆食盐清洗法

1 土豆放入盆中，注入清水。

2 在装土豆的盆中加适量食盐。

3 搅拌均匀，浸泡15分钟。

4 将土豆拿出之后，用刮皮刀刮去皮。

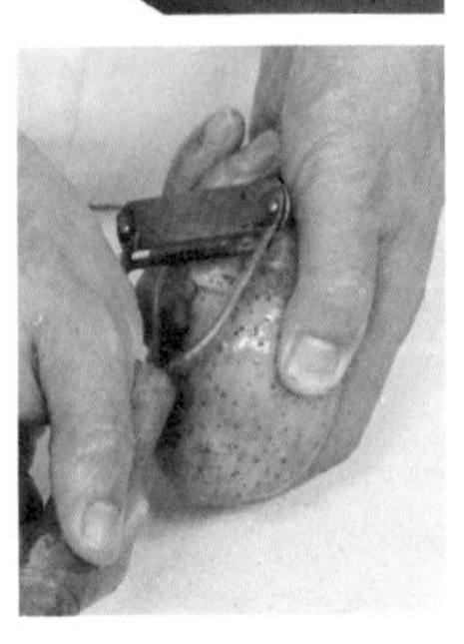

5 用小刀将土豆的凹眼处剜去。

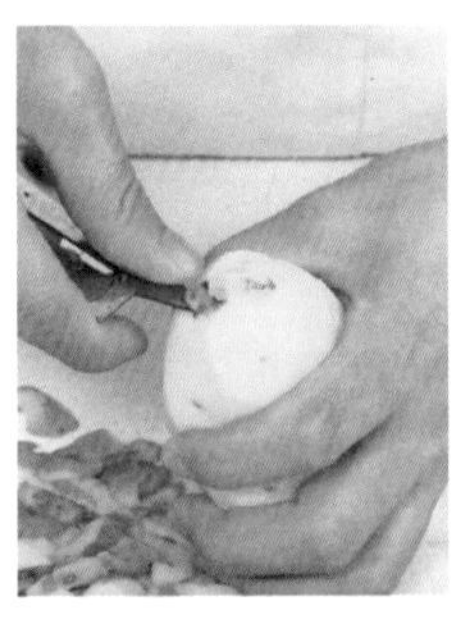

6 将土豆冲洗干净，沥干水分。

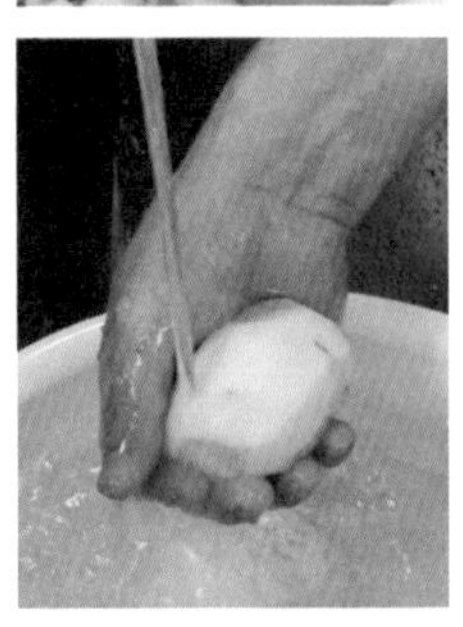

小百科

土豆是一种具有粮食、蔬菜和水果等多重特点的优良食品，是许多国家重要的食品之一。在我国，土豆被列入七种主要粮食作物之一。

土豆切丝

1 取一个洗净去皮的土豆。

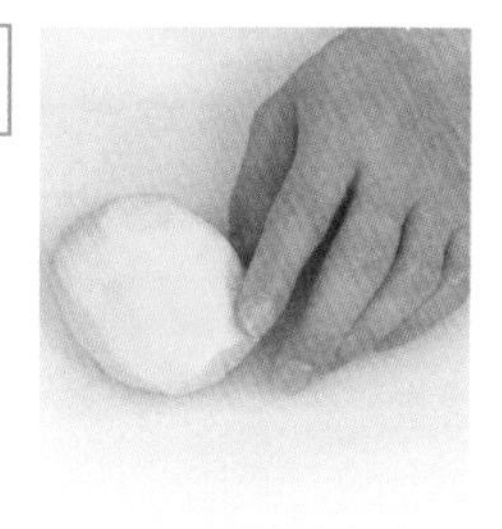

2 从边缘开始，切成均匀的薄片。

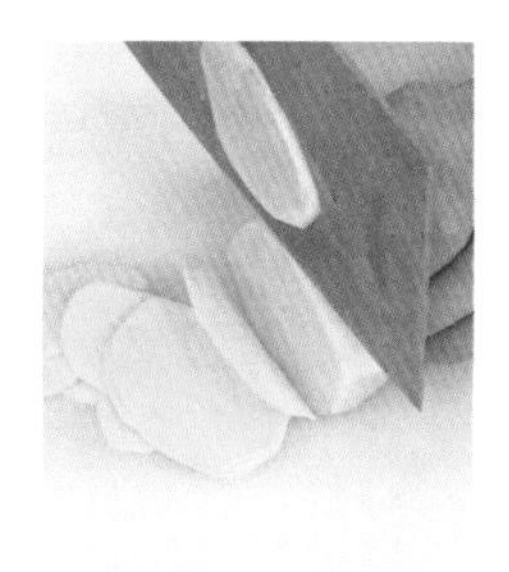

3 将土豆薄片摆放整齐。

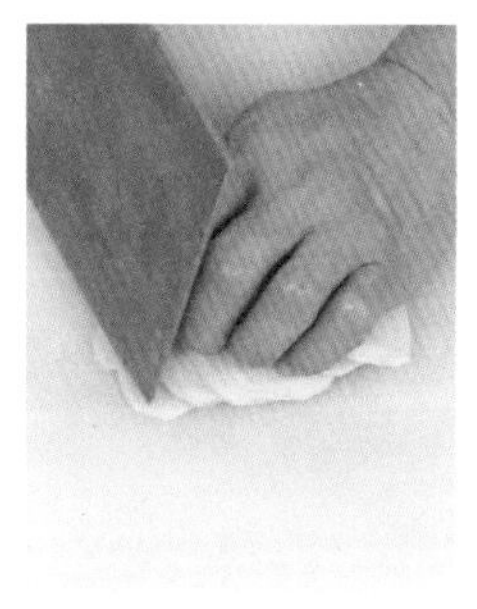

4 切成均匀的丝状即可。

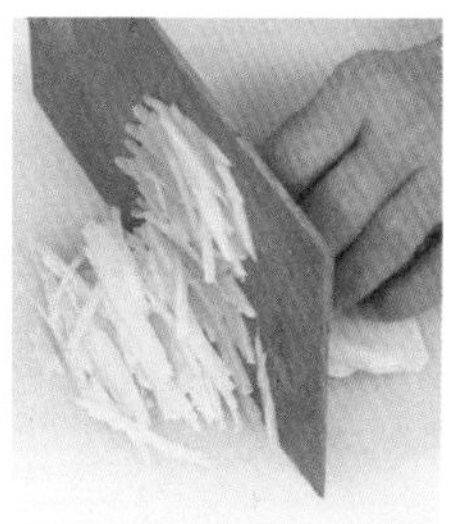

糖醋土豆丝

材料

去皮土豆200克
葱段、姜末、
蒜末各少许

调料

食盐3克
白糖、鸡粉各3克
陈醋5毫升
食用油适量

做法

❶ 土豆切成丝，倒入凉水中，去除多余的淀粉。

❷ 热锅注油烧热，倒入姜末、葱段、蒜末，爆香，倒入土豆丝，翻炒片刻，注入清水。

❸ 撒上食盐、白糖，加入陈醋、鸡粉，炒匀入味，盛入盘中即可。

芋头

性味▶ 性平，味甘、辛。

营养成分▶ 含蛋白质、膳食纤维、糖类、钙、维生素B_1、维生素B_2等。

选购▶ 表皮干燥，没有斑点损伤的；芋头的切口汁液若呈粉质，肉质香脆可口。

保存▶ 芋头不耐低温，故鲜芋头一定不能放入冰箱。

芋头食盐清洗法

1 在装有芋头的盆中注入清水。

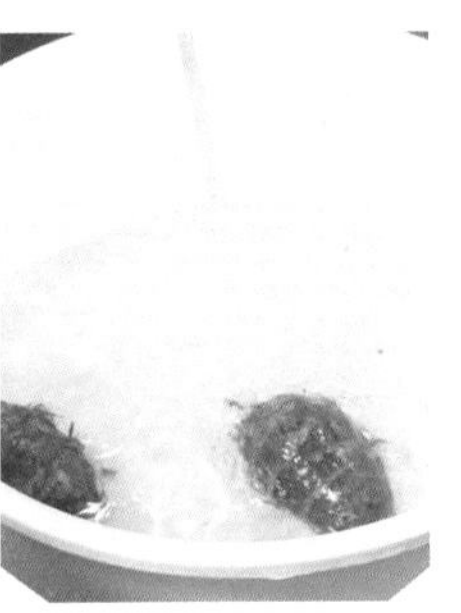

2 加入少量食盐，搅拌均匀之后浸泡15分钟。

3 将芋头在水中搓洗几遍，之后用流水冲洗干净，沥干水即可。

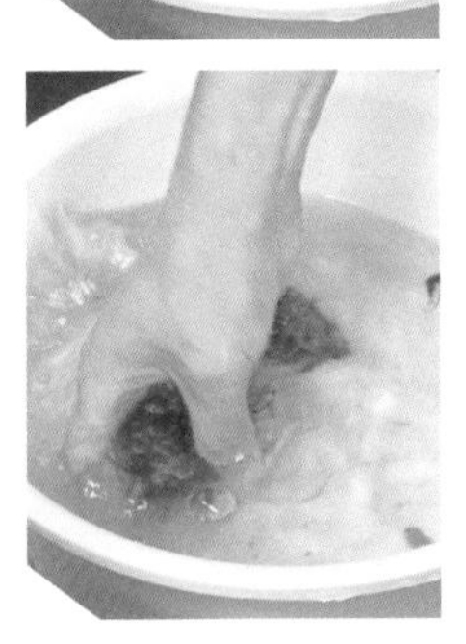

芋头切菱形块

1 将芋头切成厚片。

2 再将片切成条。

3 然后将芋头条切成菱形块。

小百科

芋头是多年生块茎植物，常作一年生作物栽培。叶片盾形，叶柄长而肥大，呈绿色或紫红色。

桂花芋头汤

材料

芋头160克

桂花10克

调料

白糖15克

做法

❶ 洗净去皮的芋头用斜刀切成菱形块。

❷ 砂锅中注入清水烧开，倒入芋头块，煮约30分钟至其变软。

❸ 加入桂花、白糖，拌至食材入味，将煮好的汤料盛出，装入碗中即可。

山药

性味 ▶ 性平，味甘。

营养成分 ▶ 含有膳食纤维、多种氨基酸、碘、植物性激素、皂苷等。

选购 ▶ 山药的横切面肉质呈雪白色，则为新鲜。山药断面应带有黏液，外皮无损伤。

保存 ▶ 短时间保存只需用纸包好，放在阴凉通风处即可。

山药食盐清洗法

1 将山药外表的泥洗干净。

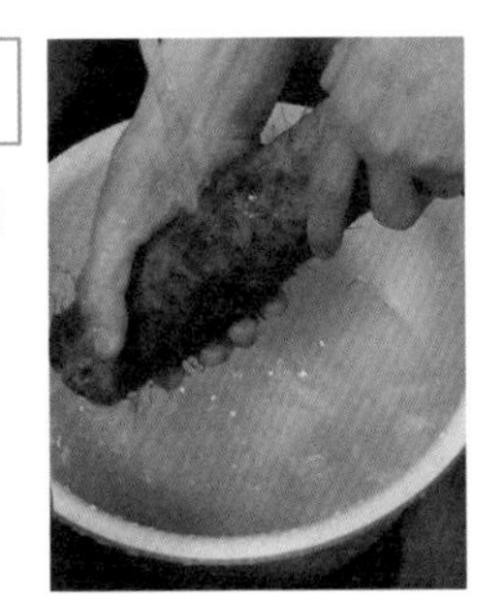

2 削去山药表皮。

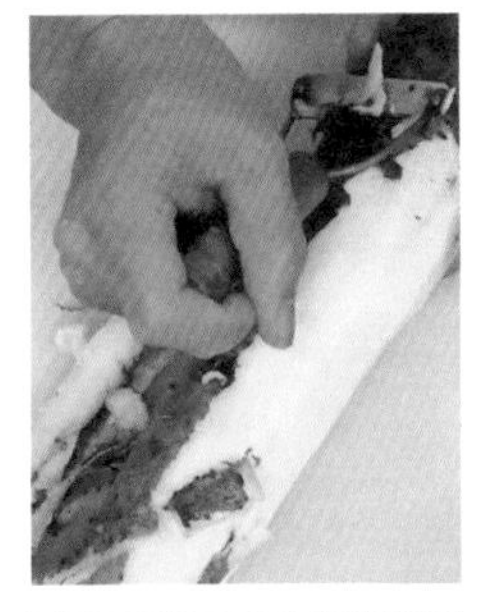

3 将山药泡入水中，放入食盐，浸泡10分钟。

4 将山药搓洗干净即可。

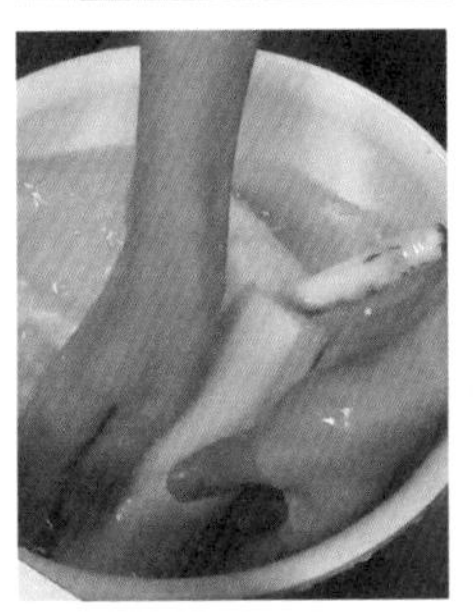

山药切段

1 将洗净的山药切去两端部分。

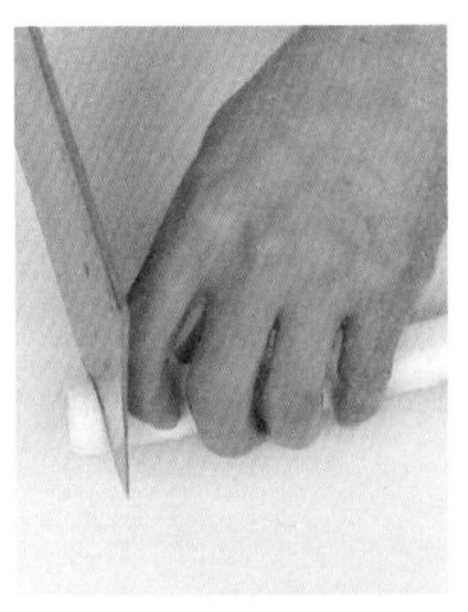

2 将山药切成3~4厘米的均等段。

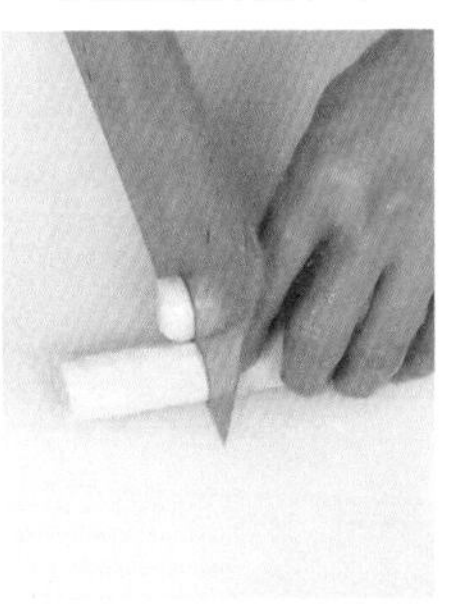

3 将山药全部切好即可。

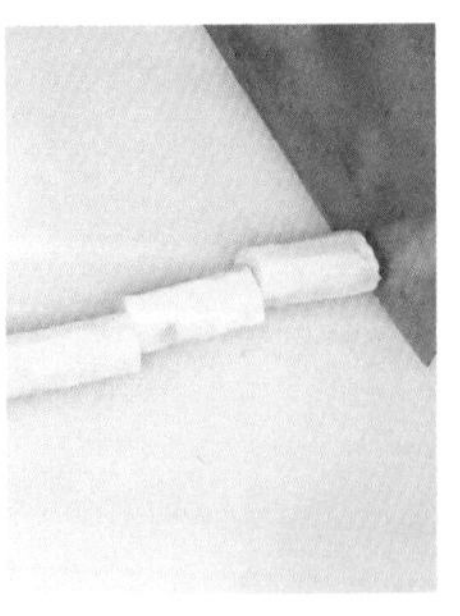

小百科

山药为药食两用的中药材，广西、河北、河南等地是我国主要的山药栽培区。

蛋黄焗山药

材料

咸蛋黄70克

山药200克

香菜少许

调料

鸡粉2克

食盐少许

食用油适量

做法

❶ 洗净的山药去除表皮，切条；咸蛋黄压碎，剁成末。

❷ 热锅注油，烧至五成热，下入山药条，炸约1分钟至出香味，捞出沥油。

❸ 锅底留油，放入咸蛋黄末，大火爆出香味，倒入炸好的山药条，拌炒匀。

❹ 注入适量清水，放入食盐、鸡粉，用小火焖煮约3分钟至入味，盛出，撒上香菜即可。

凉薯

性味▶ 性凉，味甘。

营养成分▶ 含丰富的水分、糖类、蛋白质、维生素和矿物质。

选购▶ 以个大、表皮完好、无破损、根块周正、新鲜的为好。

保存▶ 凉薯不能放在密封袋内保存，应保持干燥，放在阴凉处。

凉薯食盐清洗法

1 将凉薯放入盆中，注入清水，加入适量食盐。

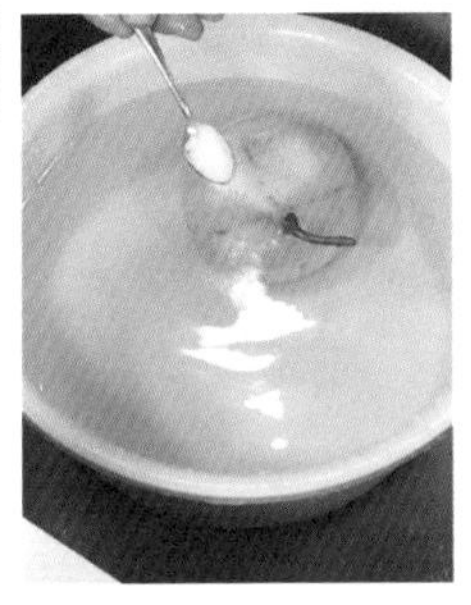

2 搅拌均匀，浸泡15分钟。

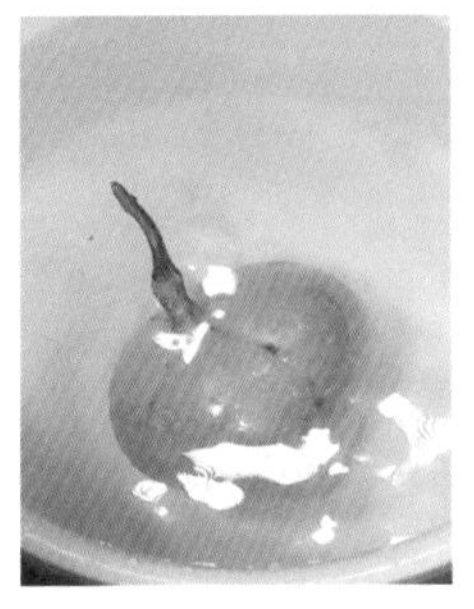

3 将凉薯拿出后，用手撕去表皮。

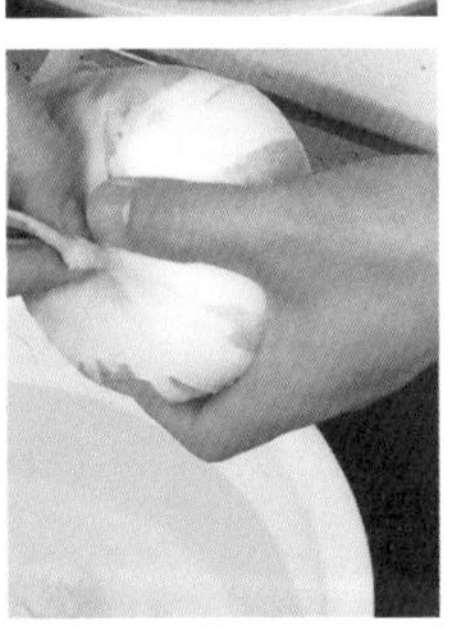

4 用刮皮刀将残余的凉薯皮刮去。

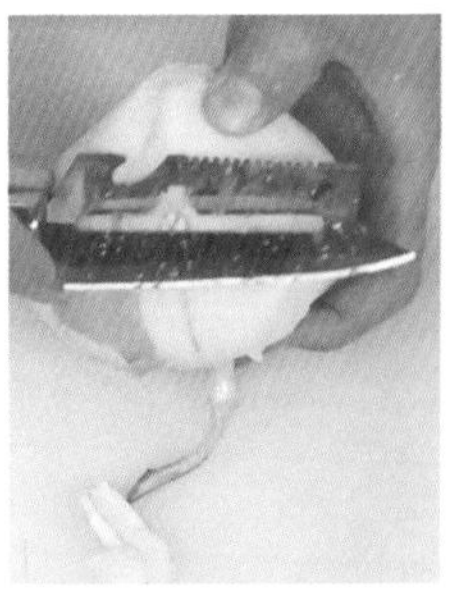

5 用流水将凉薯冲洗净，沥干水分备用。

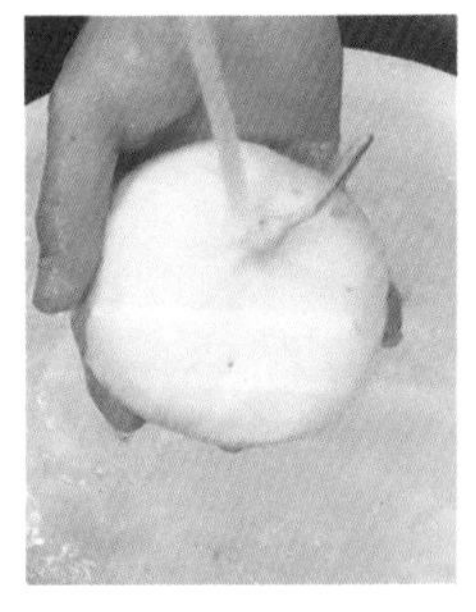

凉薯切片

1 凉薯对半切开。

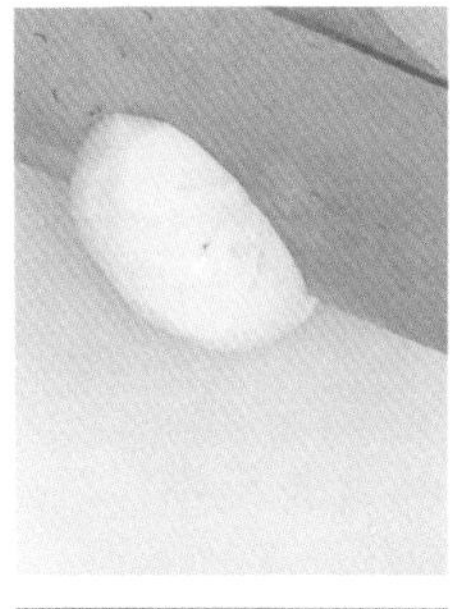

2 将凉薯切掉头尾及两边边缘。

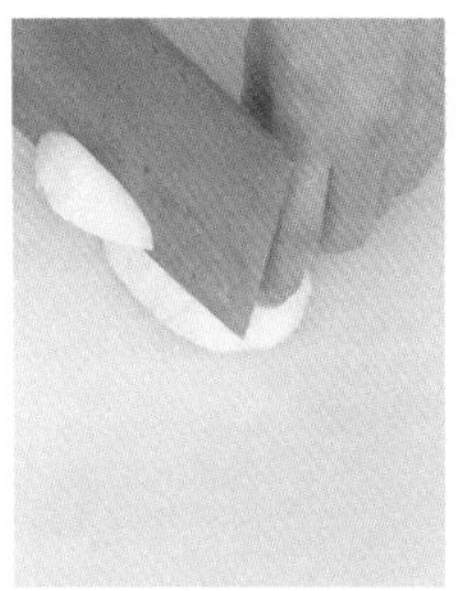

3 将凉薯切成均匀的片状即可。

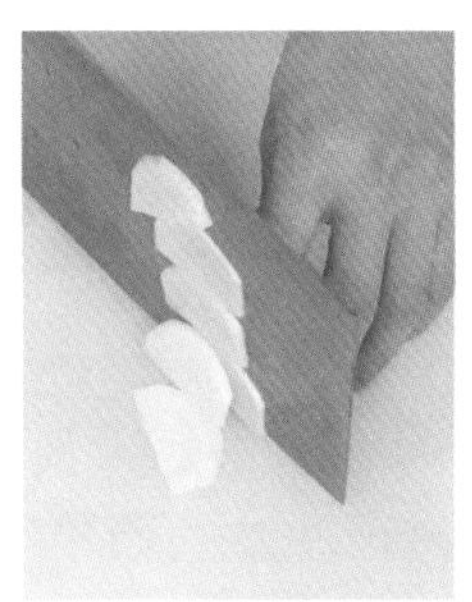

小百科

凉薯的根块肥大，肉质洁白、脆嫩多汁。可以生食，也可以煮熟吃。我国四川、湖北、重庆和台湾等地栽培较多。

胡萝卜凉薯片

材料

去皮凉薯200克

去皮胡萝卜100克

青椒25克

调料

食盐、鸡粉各1克

蚝油5克

食用油适量

做法

❶ 洗净的凉薯切片；洗好的胡萝卜切薄片；洗净的青椒去籽，切块。

❷ 热锅注入食用油，倒入胡萝卜片、凉薯片，炒至熟透。

❸ 放入青椒块、食盐、鸡粉、水、蚝油，翻炒至入味，将菜肴盛出，装盘即可。

芦笋

性味▶ 性凉，味苦、甘。

营养成分▶ 含有蛋白质、维生素、矿物质、多种甾体皂苷物质等。

选购▶ 选购时，可挑选外形直挺、颜色乳白、有蔬菜清香的芦笋。

保存▶ 用报纸卷包芦笋，置于冰箱冷藏室，可保存3天。

芦笋清洗法

1 将芦笋放入装有水的盆中。

2 用手将芦笋搓洗干净。

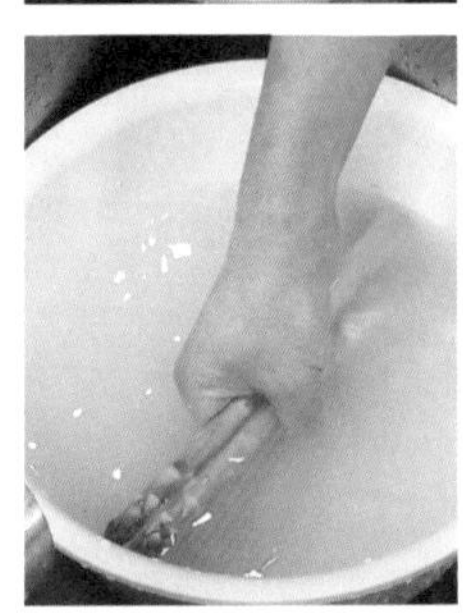

3 用清水冲净。

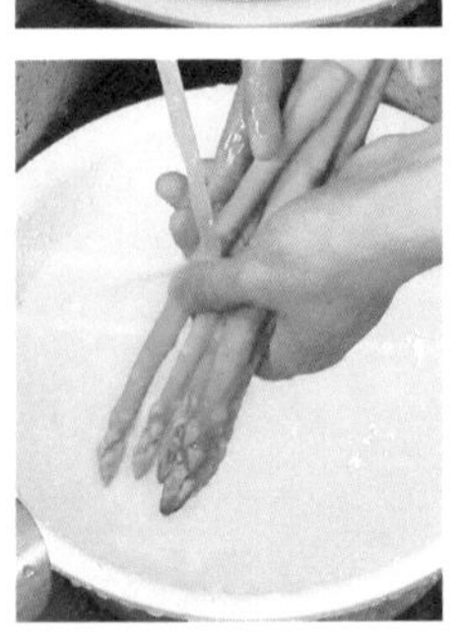

芦笋切段

1 洗净的芦笋切去头部。

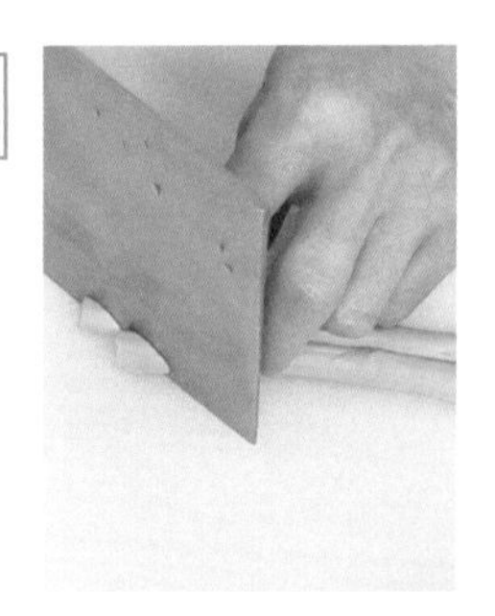

2 切成长段即可。

柠檬牡蛎芦笋汤

小百科

芦笋为百合科天门冬属植物石刁柏的嫩芽，是一种高档而名贵的蔬菜，素有“蔬菜之王”的美称。

材料	调料
芦笋60克	料酒10毫升
牡蛎肉100克	食盐2克
柠檬1片	芝麻油、胡椒粉、食用油各适量
豆苗少许	

做法

❶ 将牡蛎肉洗净焯水；芦笋洗净切段，焯水沥干；豆苗洗净，备用。

❷ 锅中注水烧开，倒入牡蛎肉，淋入食用油、料酒，搅匀，焖煮5 分钟至食材煮透。

❸ 放入芦笋段煮软，放入柠檬片，淋入芝麻油，加入食盐、胡椒粉，搅拌至食材入味即可。

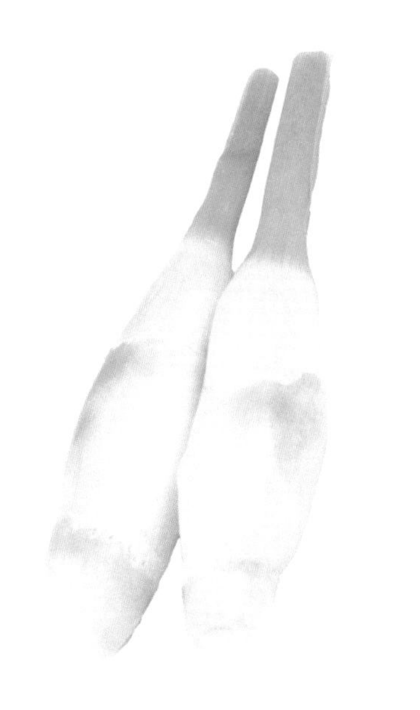

茭白

性味▶ 性微寒，味甘。

营养成分▶ 含糖类、蛋白质、脂肪等成分。

选购▶ 茭白根部肉的密度高，肉质比较鲜嫩、水分多，吃起来比较可口。

保存▶ 茭白水分极高，若放置过久，会丧失鲜味，最好即买即食。若需保存，可以用纸包住，再用保鲜膜包裹，放入冰箱。

茭白剥壳清洗

1 先将茭白剥壳，根部老皮削掉。

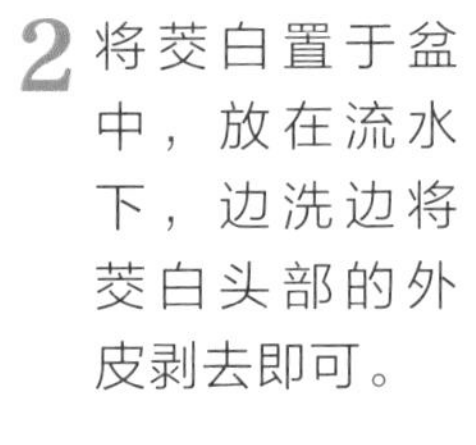

2 将茭白置于盆中，放在流水下，边洗边将茭白头部的外皮剥去即可。

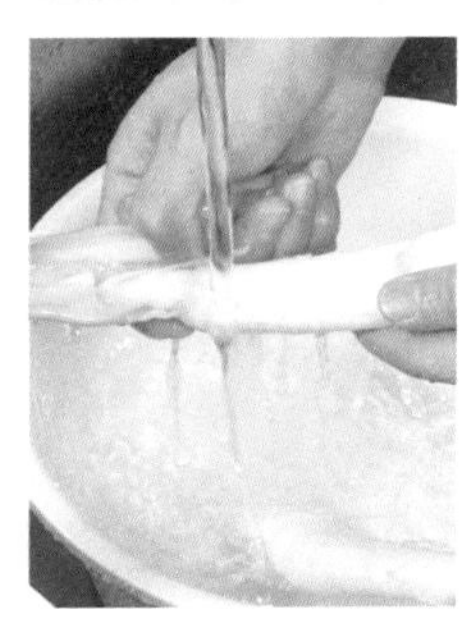

茭白切滚刀块

1 菜刀直立在食材上。

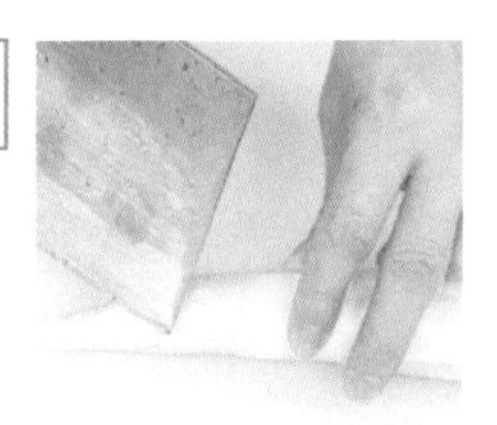

2 先斜着切一刀，然后让这个斜切面朝上。

3 切一刀，将茭白翻滚一下再切一刀。

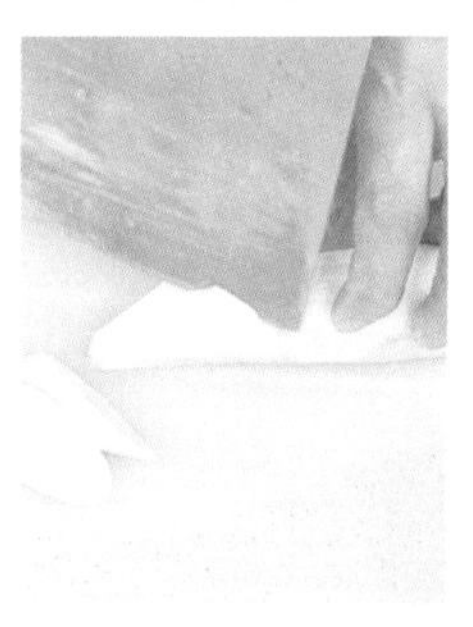

小百科

茭白分为双季茭白和单季茭白（或分为一熟茭和两熟茭），双季茭白（两熟茭）产量较高，品质也好。

香菇炒茭白

材料

茭白200克

鲜香菇20克

胡萝卜片适量

葱少许

调料

食盐、鸡粉、芝麻油、水淀粉、食用油各适量

做法

❶ 去皮洗净的茭白切片；洗好的鲜香菇切片；洗好的葱切段。

❷ 热锅注食用油，倒入茭白片、香菇片、胡萝卜片，翻炒1分钟，加入食盐、鸡粉，炒至熟透。

❸ 加入水淀粉、芝麻油，撒入葱段，炒匀后盛入盘内即可。

竹笋

性味▶ 性微寒，味甘。

营养成分▶ 含蛋白质、脂肪、糖类、钙、磷、铁、B族维生素、维生素C、胡萝卜素等。

选购▶ 竹笋节与节之间的距离要近，距离越近，竹笋越嫩。

保存▶ 竹笋适宜在低温条件下保存，但保存时间不宜过长，否则质地变老会影响口感，建议保存一周左右。

竹笋清洗法

1 将竹笋的外衣剥除。

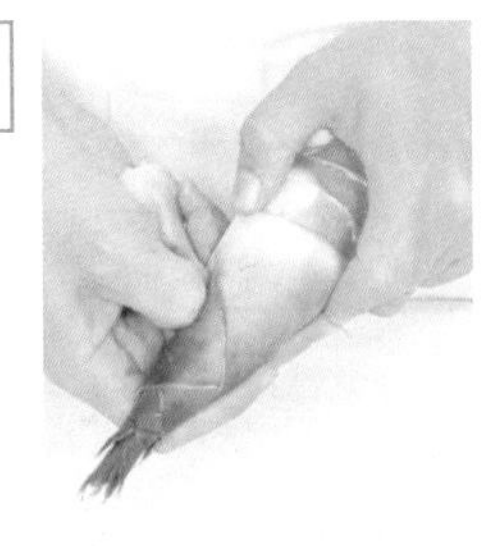

2 用削皮刀将竹笋的硬皮削去。

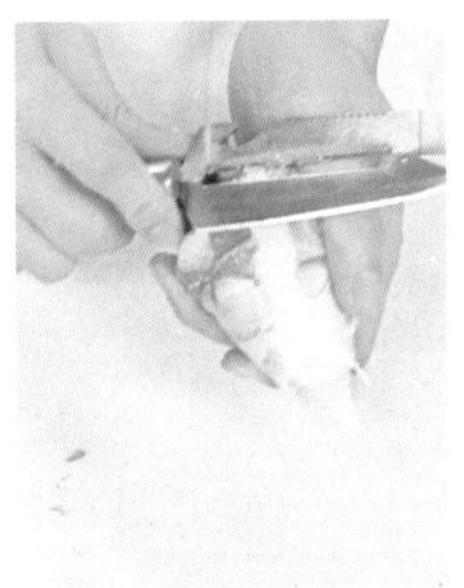

3 用清水将竹笋冲洗干净，沥干水分。

竹笋切粒

1 取一段去皮洗净的竹笋，切去竹笋根部。

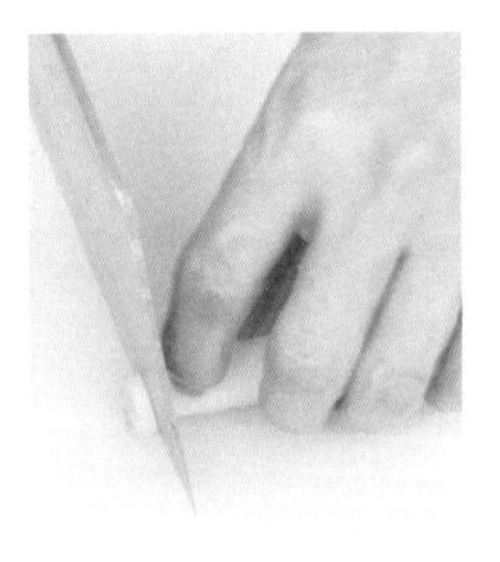

2 用平刀法将竹笋切成薄片。

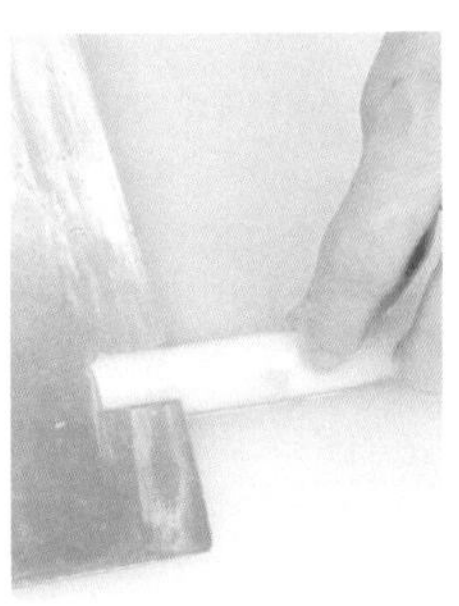

3 用此方法将整段竹笋全部切完。

4 将竹笋薄片摆放整齐。

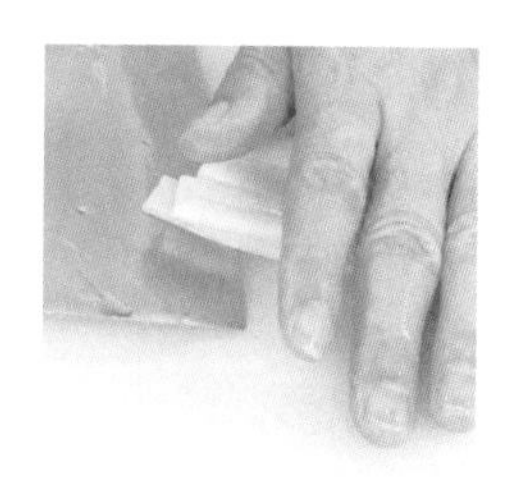

5 将竹笋薄片切成细丝，一端对齐后切成粒状。

凉拌彩椒竹笋

材料

竹笋100克

黄彩椒、

红彩椒各50克

调料

陈醋8毫升

食盐3克

橄榄油适量

做法

❶ 洗净的竹笋切成条；洗净的黄彩椒、红彩椒均去蒂、去籽，切成条。

❷ 锅中注水烧开，放入竹笋条、黄彩椒条、红彩椒条，焯熟，过凉水，捞出，沥干水。

❸ 在干净的盘子里摆上竹笋条、黄彩椒条、红彩椒条。

❹ 备好碗，放入陈醋、食盐、橄榄油，搅拌，调成酱料；食用时倒在食材上即可。

小百科

竹笋是竹的幼芽，也称为笋。竹为多年生常绿禾本植物，原产于中国，类型众多，适应性强，分布极广，食用部分为初生、嫩肥、短壮的芽或鞭。

莲藕

性味▶ 性凉，味辛、甘。

营养成分▶ 含蛋白质、维生素K、维生素C、铁、钙等。

选购▶ 莲藕的外皮应该呈黄褐色，肉肥厚而白。

保存▶ 将藕直接用保鲜袋装好放在冰箱冷藏室储存，可保存一周左右。

莲藕清洗法

1 将藕节切去。

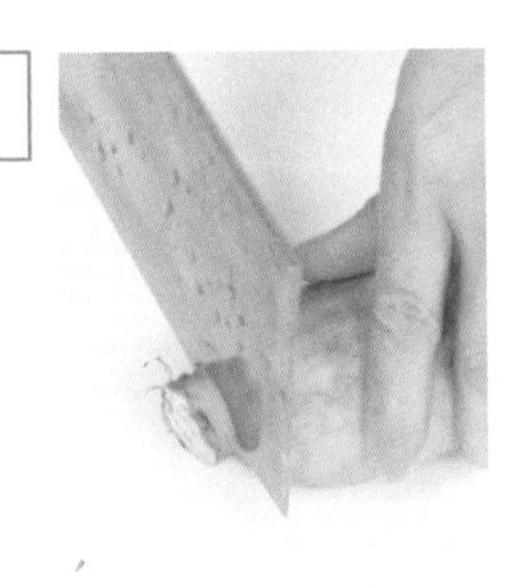

2 用削皮刀将藕皮削去。

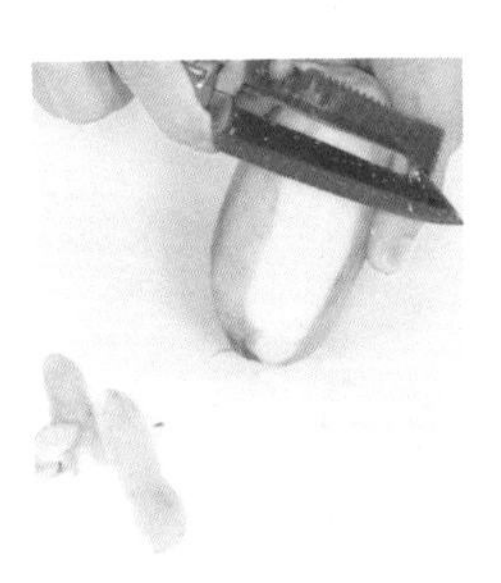

3 将去皮的莲藕一分为二。

4 将莲藕放进小盆里，注入适量的清水。

5 用裹上纱布的筷子擦洗莲藕的窟窿，把水倒掉。

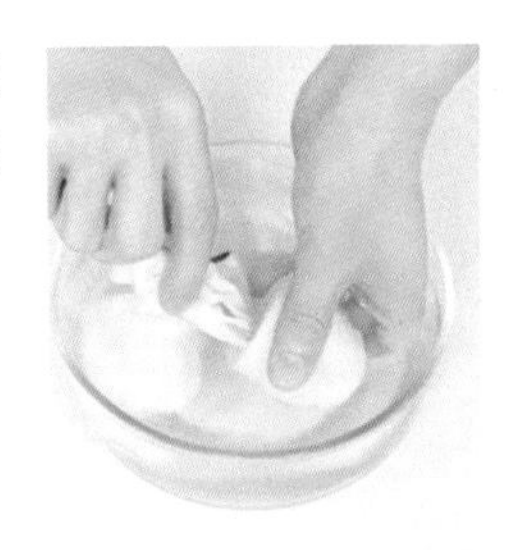

6 倒入清水清洗，沥干即可。

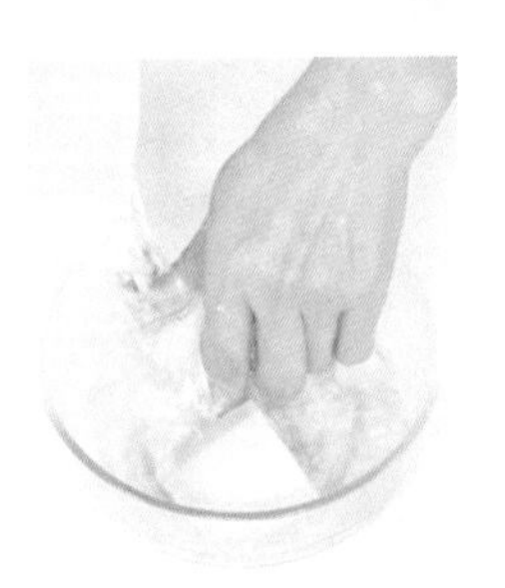

小百科

莲藕微甜而脆，原产于印度，后来引入中国。它的根叶、花须、果实，无不为宝，都可滋补入药。

莲藕切小块

1 将一段莲藕切成厚片。

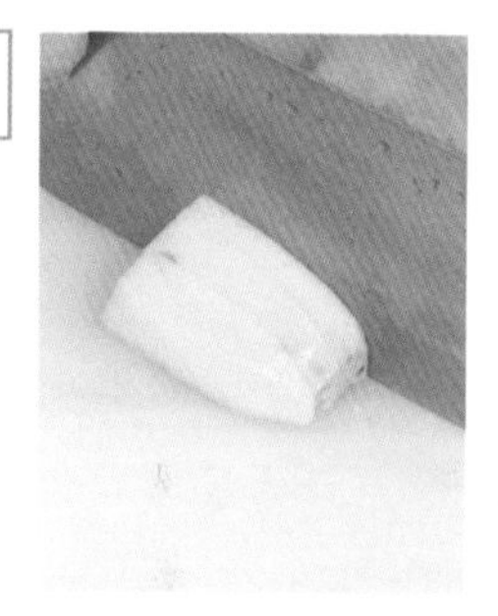

2 将厚片切成条。

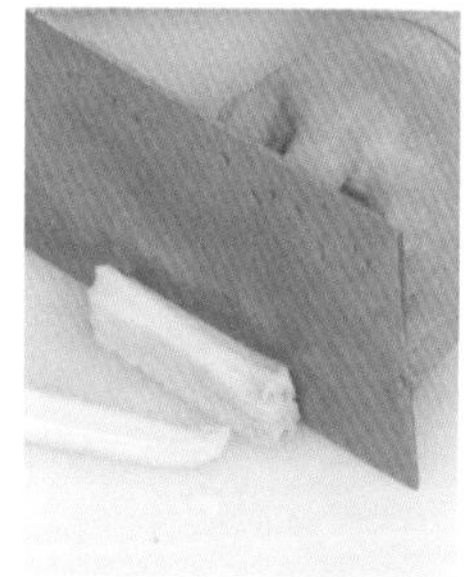

3 将莲藕条摆放整齐，切成大小均匀的小块即可。

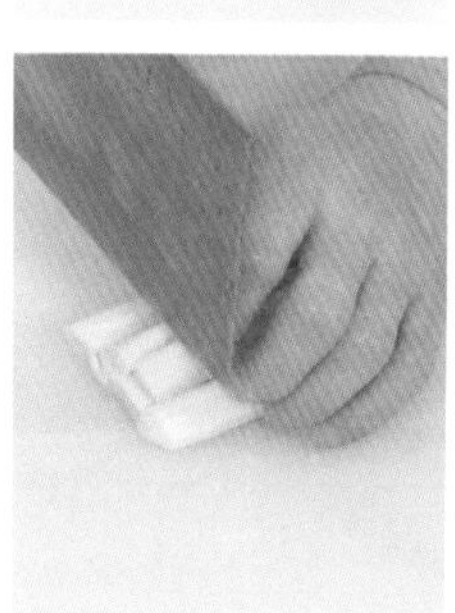

莲藕排骨汤

材料

莲藕250克

排骨200克

生姜、葱各10克

胡萝卜片、花生米各少许

调料

食盐3克

料酒7毫升

鸡汁12毫升

做法

❶ 排骨切段；洗净去皮的生姜切丝；洗净的葱切圈；洗净去皮的莲藕切块。

❷ 排骨段汆煮片刻捞出，沥干水分。

❸ 取砂煲，注水烧热，撒上生姜丝，倒入洗净的花生米，放入汆好的排骨段，拌匀，煮至排骨段熟软。

❹ 放入莲藕块、胡萝卜片、食盐、料酒、鸡汁，煮至入味，盛出，撒入葱花即可。

花菜

性味▶ 性凉，味甘。

营养成分▶ 含有糖类、钙、铁、维生素C、维生素A、B族维生素、维生素K等。

选购▶ 花球无虫咬，外观无损伤，花朵间没有空隙、紧密结实、鲜脆的为好；不要买茎部中空的。

保存▶ 花菜放入保鲜袋，置于冰箱冷藏室保存，可保存一周。

花菜食盐清洗法

1 将花菜放在水龙头下冲洗干净，再切成小朵。

2 将花菜放进洗菜盆里，放入食盐浸泡几分钟。

3 将花菜放在水龙头下冲洗，沥干即可。

花菜切朵

1 花菜从中间切开，一分为二。

2 将花菜柄部切去。

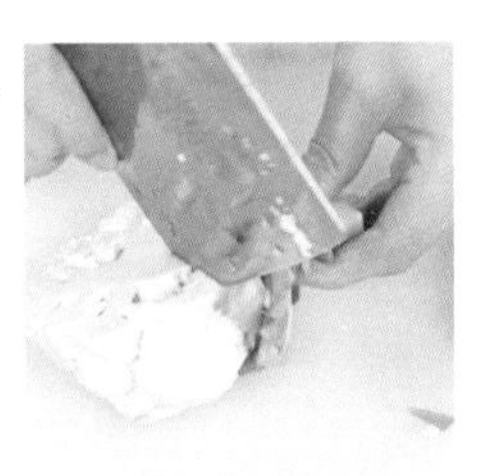

3 依着花菜的小柄，将花菜分解成小朵。

4 切去每一小朵的柄部，较大的花菜再对半切成朵。

花菜为十字花科芸薹属一年生植物，与西蓝花（绿花菜）、圆白菜同为甘蓝的变种。

双色花菜

材料

花菜75克

西蓝花75克

胡萝卜20克

蒜末5克

调料

胡椒盐1克

芥花油5克

香油少许

做法

❶ 花菜、西蓝花洗净，切小朵；胡萝卜切成丝，备用。

❷ 炒锅中加入芥花油、蒜末、花菜、西蓝花及胡萝卜拌炒。

❸ 加入少量水焖煮，水收干后加胡椒盐及香油调味即可。

西蓝花

性味▶ 性平，味甘。

营养成分▶ 含维生素、蛋白质、糖类、脂肪、胡萝卜素等。

选购▶ 以花蕾柔软、饱满、紧密，花球表面无凹凸的为宜。

保存▶ 直接将西蓝花放在阴凉通风的地方，可保存2～3天。

西蓝花食用油清洗

1 将西蓝花放入水盆中，在水中滴上几滴食用油。

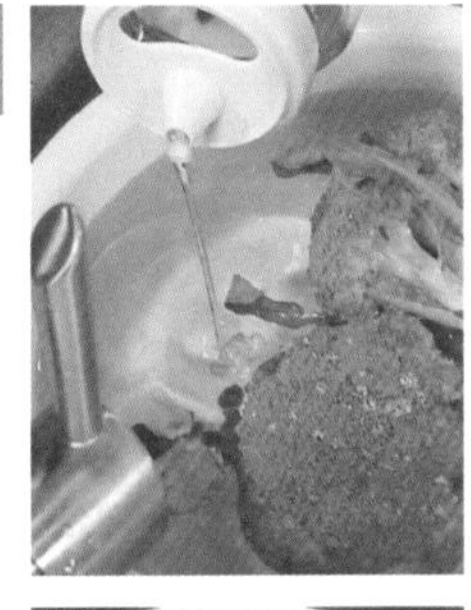

2 滴过油的水能将藏在花朵里的小虫泡出来。

3 用清水将西蓝花洗净即可。

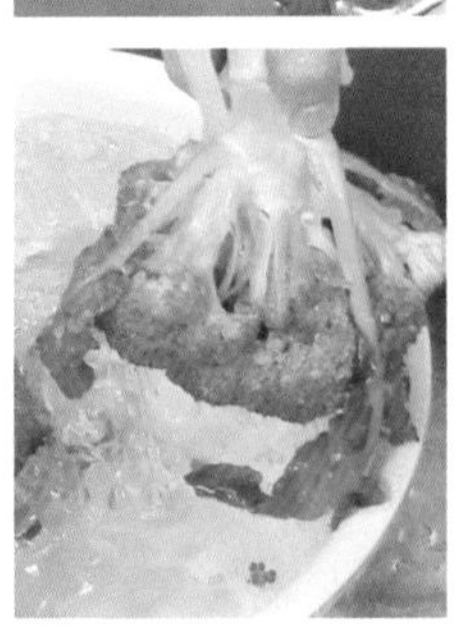

西蓝花切朵

1 拿住西蓝花的根部。

2 将整株西蓝花冲洗后切成小朵。

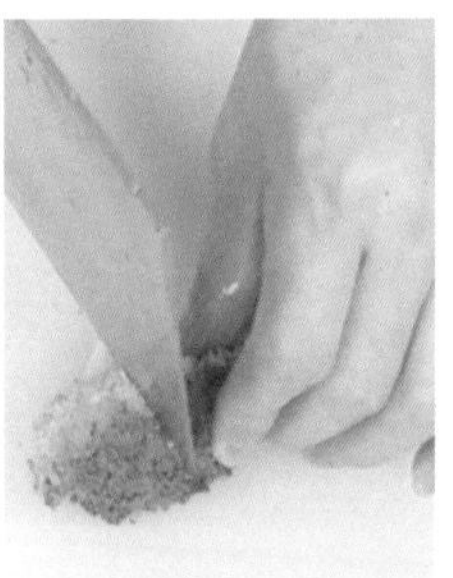

3 把西蓝花小朵对半切开。

西蓝花沙拉

小百科

西蓝花是十字花科芸薹属甘蓝种中以绿色花球为产品的一个变种。原产于意大利。

材料

西蓝花120克
樱桃萝卜50克
藜麦40克
南瓜子10克
芽菜20克

调料

食盐3克
橄榄油4克

做法

❶ 洗净的西蓝花掰小块；西蓝花用水焯熟，捞出；藜麦焯水煮至熟软，捞出；洗净的樱桃萝卜切成片。

❷ 备好碗，放入西蓝花、藜麦、樱桃萝卜片、南瓜子、芽菜、食盐、橄榄油，拌至均匀即可。

芥蓝

性味▶ 性凉，味甘、辛。

营养成分▶ 含丰富的维生素A、维生素C、钙、蛋白质、脂肪、膳食纤维等。

选购▶ 选择芥蓝时最好选秆身适中的，过粗即太老，过细则可能太嫩。

保存▶ 芥蓝不易腐坏，用纸张包裹后放在冰箱内，可保存约2周。

芥蓝食盐清洗法

1 在放有芥蓝的盆中注入适量的清水，加入少量的食盐。

2 搅拌均匀，浸泡10～15分钟。

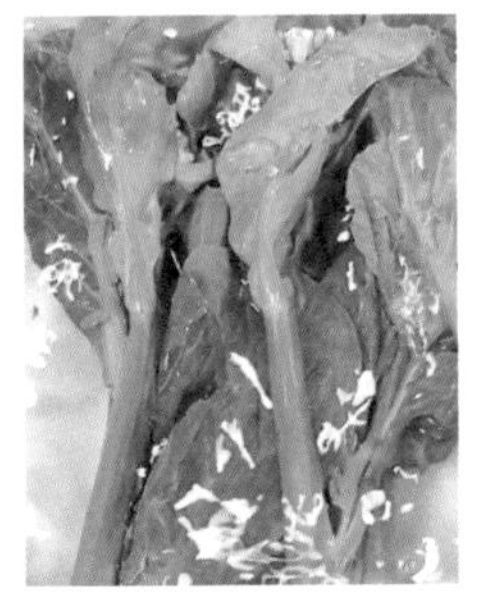

3 将浸泡好的芥蓝捞出，用流水冲洗干净，沥干水即可。

芥蓝切段

1 洗净的芥蓝切去头部。

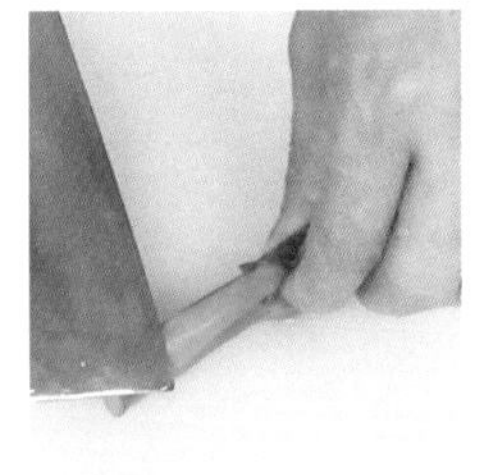

2 将芥蓝的老叶切除掉。

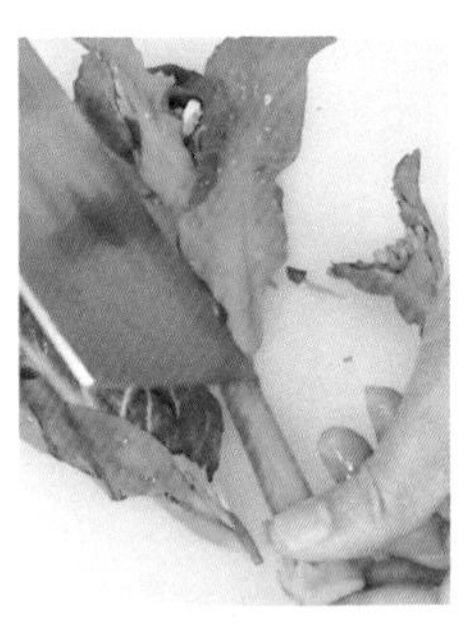

3 将芥蓝切成5～6厘米的段。

小百科

芥蓝又名白花芥蓝，为十字花科芸薹属甘蓝类一二年生草本植物，原产于我国南方，栽培历史悠久。

蒜蓉芥蓝片

材料

芥蓝梗350克

蒜蓉少许

调料

食盐、食用油各适量

做法

❶ 洗净去皮的芥蓝梗切成条。

❷ 锅中注入适量清水烧开，加入食盐、芥蓝梗条，注入适量食用油，拌匀，煮约半分钟，捞出，待用。

❸ 用油起锅，放入蒜蓉，爆香，倒入焯好的芥蓝梗条，加入食盐，快速翻炒均匀，关火后盛出炒好的芥蓝梗条，装盘即可。

黄花菜

性味▶ 性平，味甘、微苦。

营养成分▶ 含糖类、蛋白质、脂肪、钙、维生素C、胡萝卜素等。

选购▶ 品质良好的黄花菜质地新鲜无杂质，条身紧长均匀粗壮。

保存▶ 晒干的黄花菜收回阴凉处冷却后，用塑料袋密封，放置于干燥阴凉处。

干黄花菜清洗法

1 将干黄花菜放入装有水的碗中。

2 将干黄花菜浸泡片刻。

3 用手揉洗干净。

干黄花菜切段

1 将干黄花菜放在砧板上，摆放整齐。

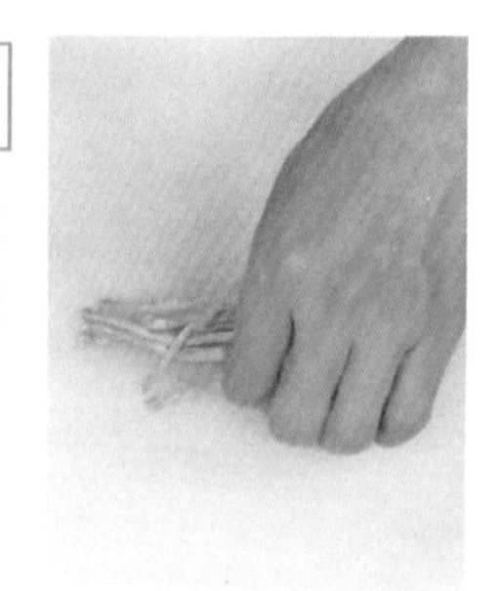

2 将黄花菜的头部切去。

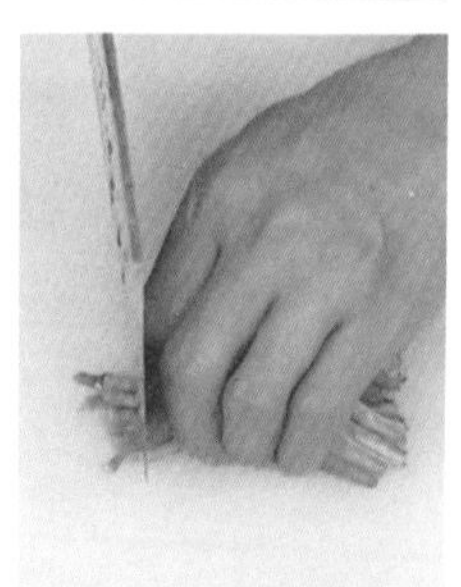

3 将黄花菜切成长段。

黄花菜鸡蛋汤

小百科

黄花菜花瓣肥厚，色泽金黄，香味浓郁，食之清香、鲜嫩，营养价值高，被视作席上珍品。

材料

水发黄花菜100克

鸡蛋1个

葱花少许

调料

食盐3克

鸡粉2克

食用油适量

做法

❶ 洗净的黄花菜切去根部，待用；鸡蛋打入碗中，调匀。

❷ 锅中注水烧开，加入食盐、鸡粉、黄花菜、食用油，拌匀，盖上盖，用中火煮约2分钟，至其熟软。

❸ 揭盖，倒入鸡蛋液，边煮边搅拌，略煮一会儿，至液面浮出蛋花。

❹ 关火后盛出煮好的鸡蛋汤，装入碗中，撒上葱花即可。

豇豆

性味▶ 性平，味甘。

营养成分▶ 含优质蛋白质、多种维生素、糖类、微量元素等。

选购▶ 在选购豇豆时，一般以粗细均匀、籽粒饱满的为佳。

保存▶ 如果想保存得更久一点，最好把豇豆洗干净以后用食盐水焯烫并沥干水分，再放进冰箱中冷冻保存。

豇豆清洗法

1 用水把豇豆表面冲洗干净。

2 将豇豆放入热水锅中。

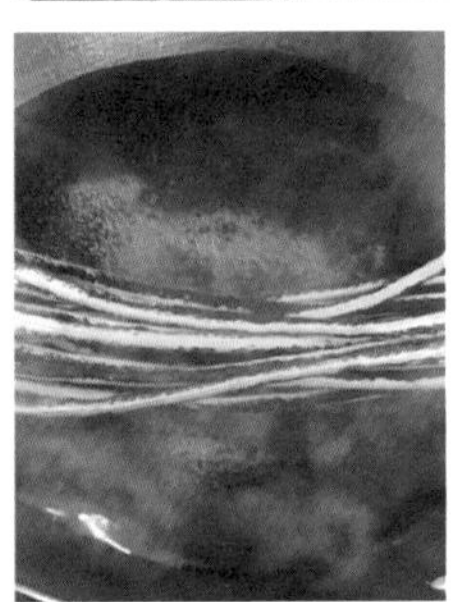

3 用勺子搅拌，焯煮片刻，捞出。

4 将捞出来的豇豆过凉水。

豇豆斜切段

1 洗净的豇豆先切去头部。

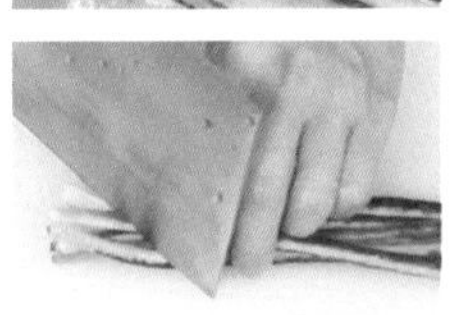

2 直接用刀斜向切成段。

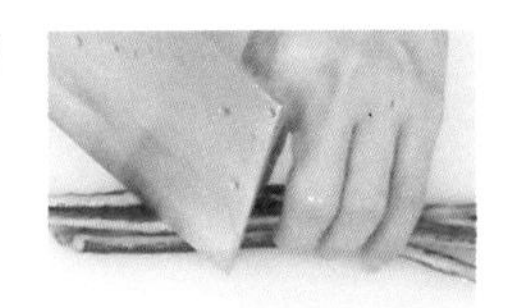

金枪鱼豇豆沙拉

小百科

豇豆的磷脂有促进胰岛素分泌、参加糖代谢的作用，是糖尿病患者的理想食材。

材料

罐头金枪鱼80克

豇豆60克

圣女果70克

洋葱碎适量

调料

橄榄油3毫升

做法

1. 洗净的圣女果去蒂，对半切开；洗净的豇豆去头。
2. 锅中注水烧开，放入豇豆，焯水至熟，捞出，沥干水分。
3. 备好盘，铺上豇豆，摆上金枪鱼、圣女果、洋葱碎，淋上橄榄油即可。

四季豆

性味▶ 性微温，味甘、淡。

营养成分▶ 含维生素A、维生素C、蛋白质、糖类、脂肪、钙、磷、铁、钾等。

选购▶ 品质优良的鲜四季豆豆荚硬实，表皮光洁无伤痕，有弹性。

保存▶ 四季豆不用清洗，装进保鲜袋，放进冰箱的冷藏室，可以保鲜大约5天。

四季豆食盐清洗法

1 将四季豆放进洗菜盆里，注入清水，加少许食盐，浸泡20分钟左右。

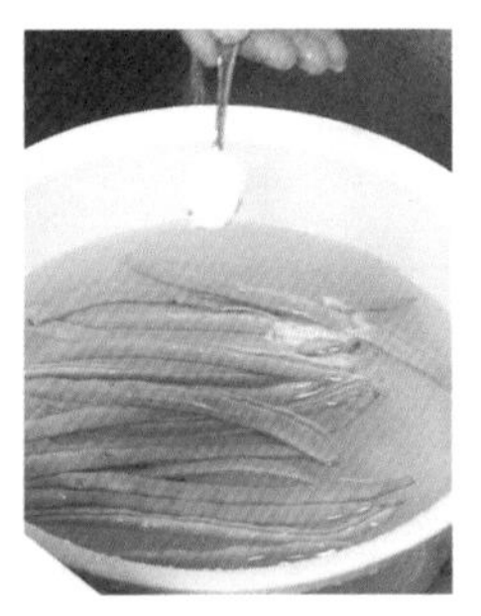

2 将四季豆的头、尾掐除。

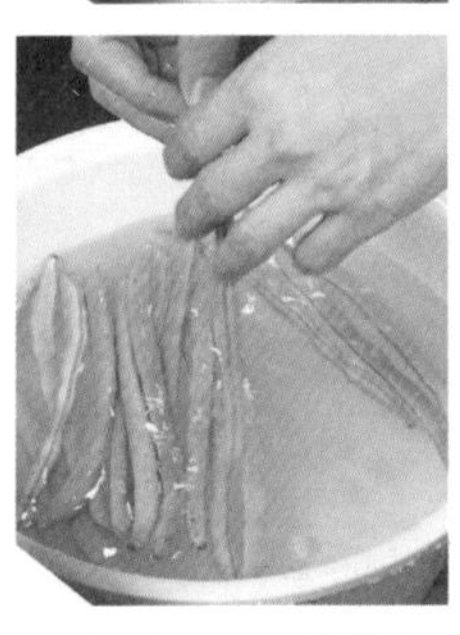

3 用清水冲洗2~3遍，再沥干水分即可。

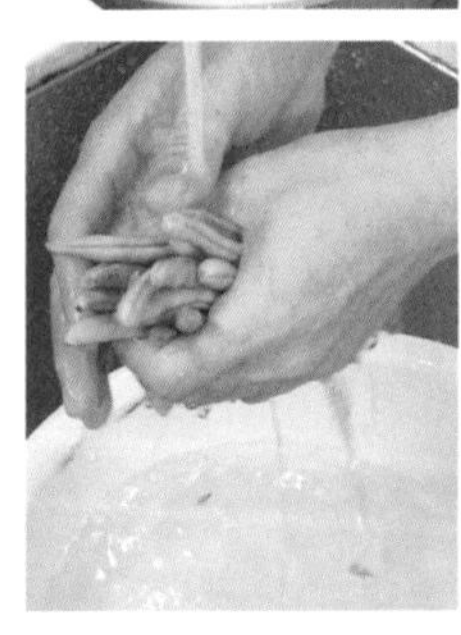

四季豆切段

1 取洗净的四季豆，整齐地放在砧板上。

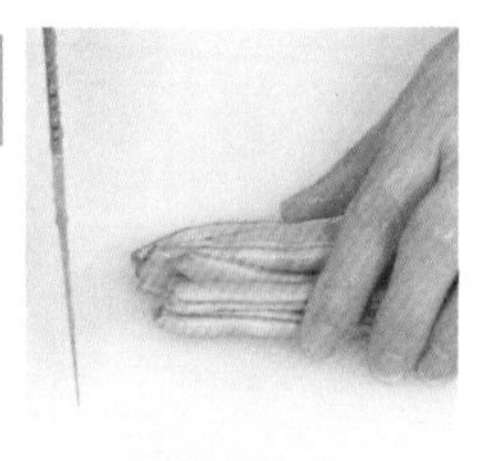

2 将四季豆的头部和尾部切除。

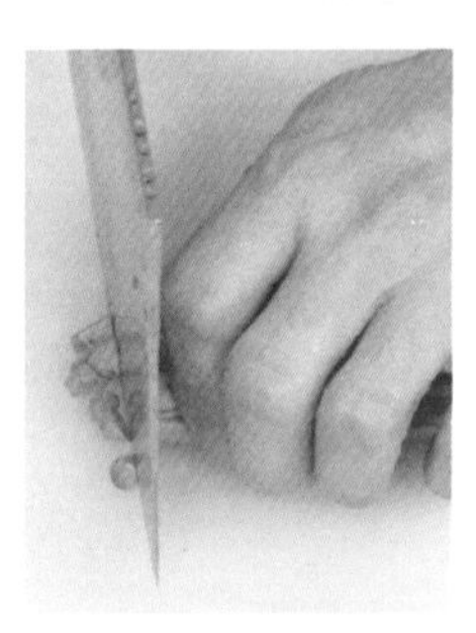

3 将四季豆切成三段。

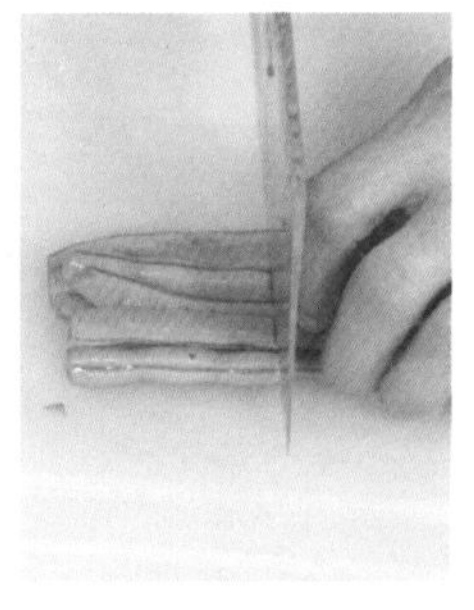

4 切段的长短可以自行决定，切好后收拢装盘。

四季豆在浙江衢州叫作清明豆，在中国北方叫豆角，是餐桌上的常见蔬菜之一。

芝士四季豆

材料

四季豆200克

调料

炼乳15克

黄油10克

芝士片、

咖喱粉各20克

做法

❶ 洗净的四季豆去蒂，备用；芝士片切成丝，备用。

❷ 锅中放入黄油烧热，注入清水，加入咖喱粉、炼乳、四季豆，煮至熟软。

❸ 放入芝士，关火即可。

豆芽

性味▶ 性寒，味甘。

营养成分▶ 含蛋白质、膳食纤维、钙、磷、铁、B族维生素等。

选购▶ 新鲜豆芽茎白、根小，芽身挺直，长短适中，芽脚不软，无烂根、烂尖现象。

保存▶ 放入塑料袋内，置于冰箱内冷藏。

豆芽白醋清洗法

1 热水锅中倒入适量白醋。

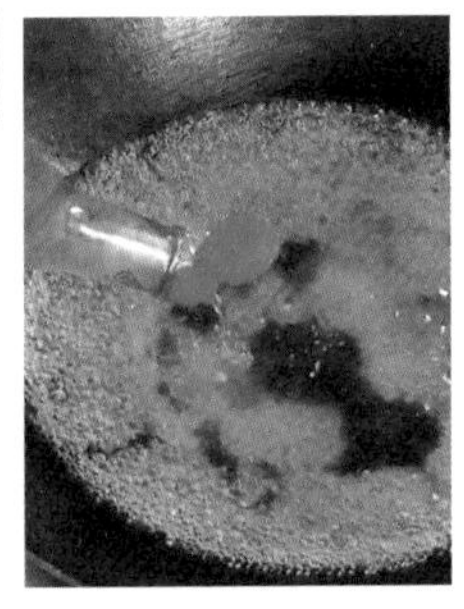

2 锅中放入豆芽。

3 过水片刻。

4 捞出，装入盆中，放入凉水。

5 用手捞出，沥干水分。

豆芽切除根部

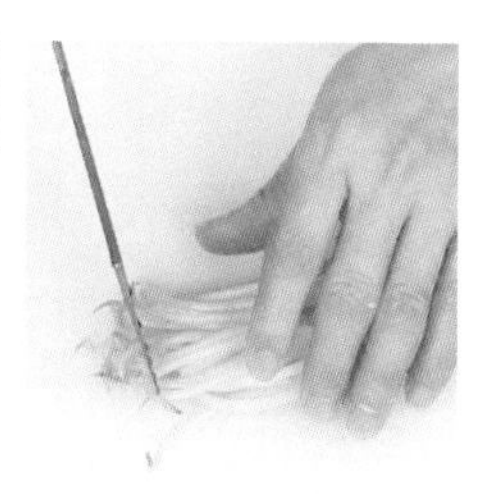

1 先取洗净的豆芽，整齐地放在砧板上。

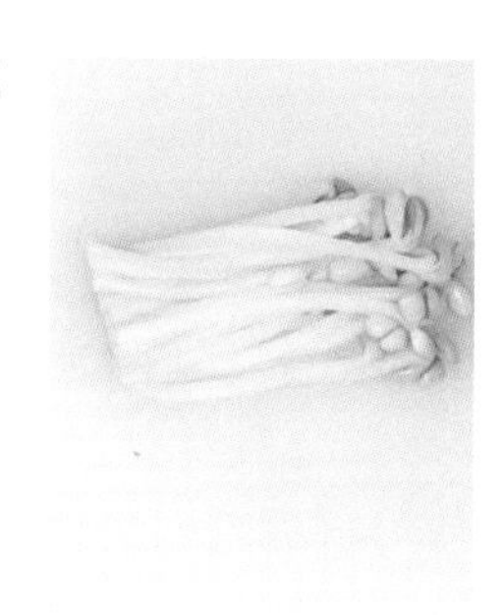

2 将豆芽的根部切除。

小百科

传统的豆芽是指黄豆芽，后来市场上逐渐开发出绿豆芽、黑豆芽、豌豆芽、蚕豆芽等新品种。

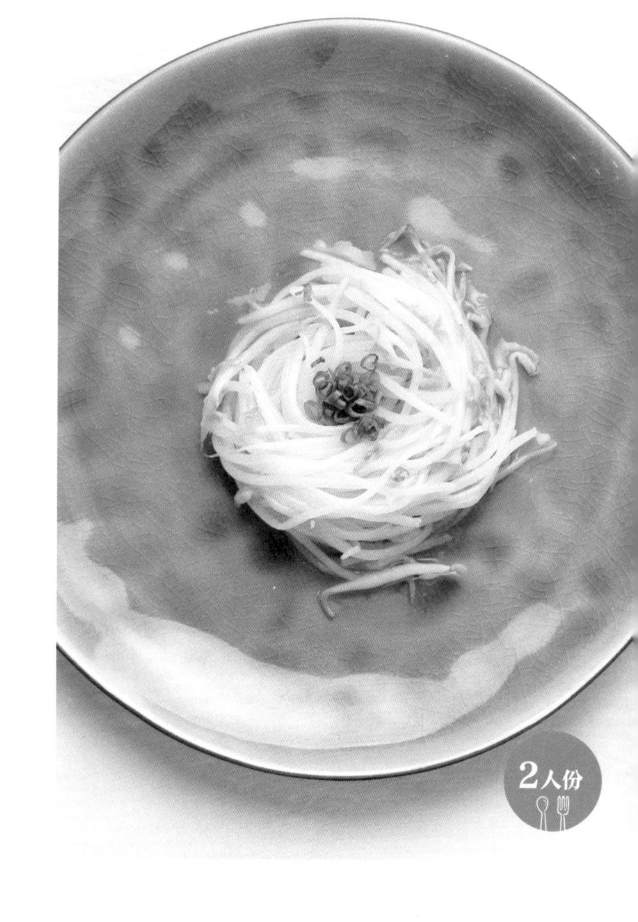

清炒绿豆芽

材料

绿豆芽150克

葱花适量

调料

食盐、食用油各少许

做法

❶ 绿豆芽浸泡3分钟，捞走漂浮的豆壳。

❷ 捞起绿豆芽，晾干备用。

❸ 锅内注油，待油热时放绿豆芽入锅，不停地翻炒，炒至七八分熟时，放入食盐、葱花，最后再翻炒几下即可装盘。

黑木耳

性味 ▶ 性平，味甘。

营养成分 ▶ 含糖类、蛋白质、维生素、铁、钙、磷、胡萝卜素等。

选购 ▶ 优质的黑木耳干制前耳大肉厚，坚挺有弹性。

保存 ▶ 黑木耳应放在通风、透气、干燥、凉爽的地方保存，避免阳光长时间照射。

黑木耳淀粉清洗法

1 黑木耳放入碗中，倒入清水。

2 将黑木耳浸泡片刻。

3 在装有黑木耳的碗中加入淀粉。

4 用手抓匀。

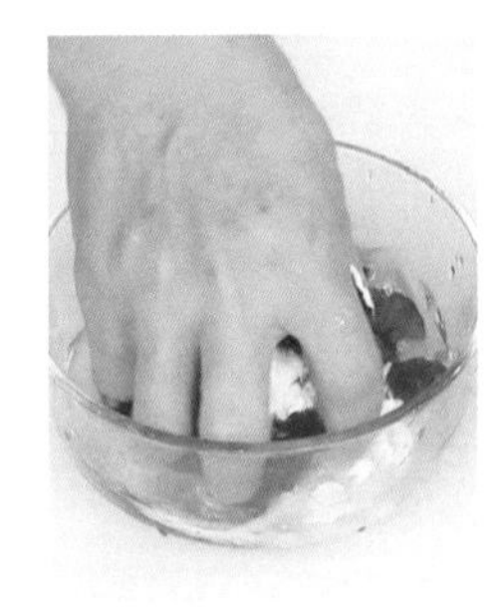

5 用水将黑木耳冲洗干净。

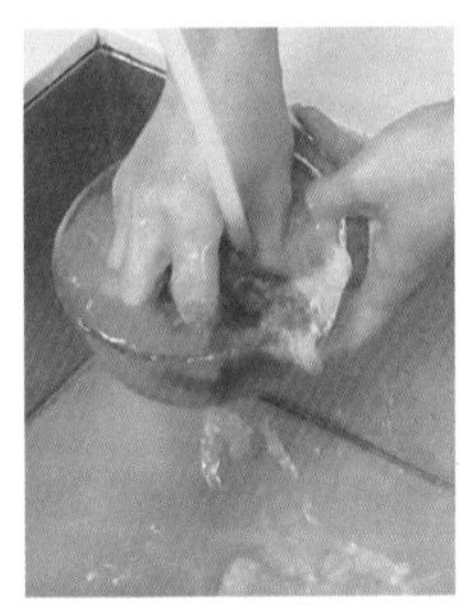

黑木耳切丝

1 取洗净的黑木耳，整齐地放在砧板上。

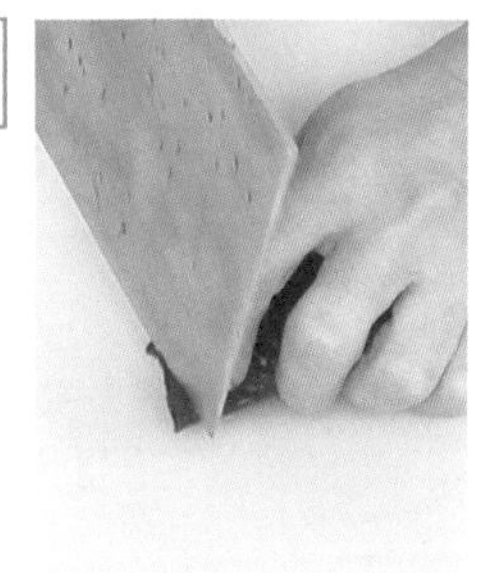

2 把黑木耳切成丝。

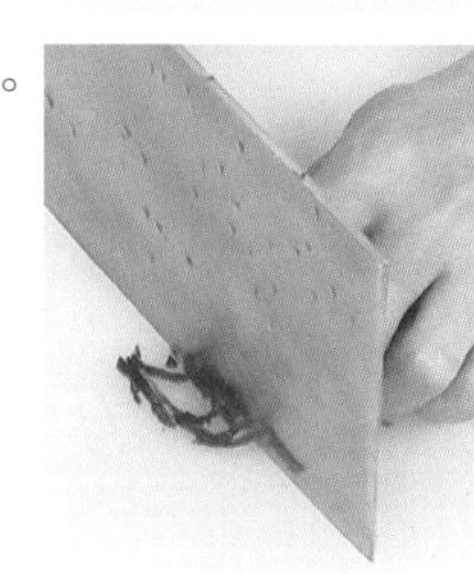

小百科

黑木耳因生长于腐木之上，其形似人的耳朵，故得名。其色泽黑褐，质地柔软，味道鲜美，营养丰富。

黑木耳蛋卷

材料

鸡蛋4个

黑木耳（泡发）60克

胡萝卜60克

调料

食盐2克

白糖3克

水淀粉、食用油各适量

做法

❶ 将黑木耳、胡萝卜切碎，待用。

❷ 取一个碗，打入鸡蛋，制成蛋液，再加入黑木耳碎、胡萝卜碎、白糖、食盐、水淀粉，拌匀待用。

❸ 煎锅注食用油，用中火烧热，倒入鸡蛋液，摊开铺平，用小火煎好。

❹ 将煎好的鸡蛋皮平铺在砧板上，卷成小卷，切成小段后装盘即可。

草菇

性味▶ 性寒，味甘、微咸。

营养成分▶ 含蛋白质、脂肪、糖类、烟酸、膳食纤维、维生素C、维生素E、磷、钠、铁等。

选购▶ 应选择新鲜幼嫩、螺旋形、硬质、菇体完整、不开伞、无霉烂、无破裂的草菇。

保存▶ 新鲜草菇削根洗净后（可根据需要选择草菇中间是否要切开），倒入热油中煸炒至熟，降温后放入冰箱保存。

草菇清洗法

1 把草菇的根部去掉。

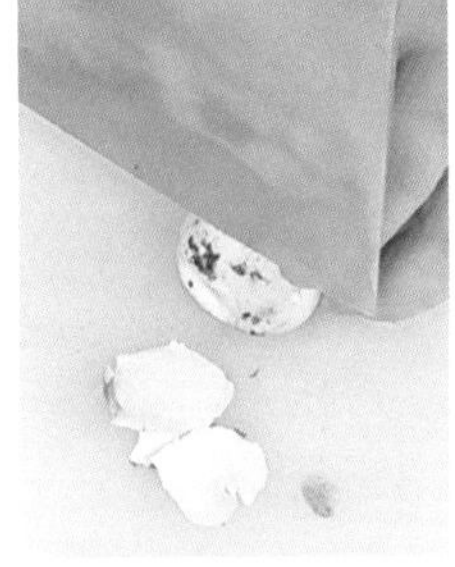

2 将去根草菇放入装有水的盆中浸泡片刻。

3 搓洗草菇，再用清水冲洗干净。

草菇切片

1 取洗净的草菇，整齐地放在砧板上。

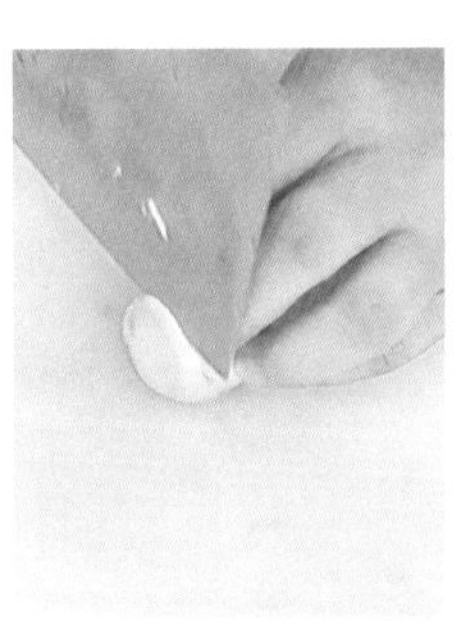

2 将草菇切成片。

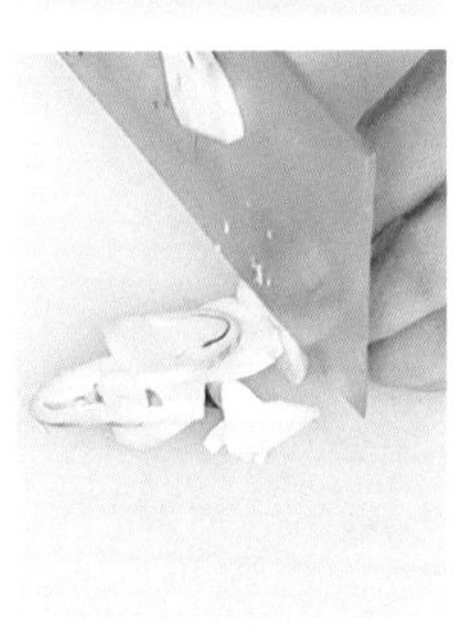

小百科

草菇是一种常见的热带、亚热带菇类，素有“放一片，香一锅”的美誉。我国草菇产量居世界之首。

草菇西蓝花

材料

草菇90克

西蓝花200克

胡萝卜片、姜末、蒜末、葱段各少许

调料

料酒、蚝油各8毫升

食盐2克

水淀粉、食用油各适量

做法

❶ 草菇切小块；西蓝花切小朵；把西蓝花、草菇块焯水后捞出，将西蓝花摆好盘。

❷ 下锅油爆胡萝卜片、姜末、蒜末、葱段，再往锅中加入草菇块炒匀，加入料酒、蚝油、食盐，注入少许水，再倒入水淀粉，炒至黏稠，盛入西蓝花中即可。

香菇

性味▶ 性平，味甘。

营养成分▶ 含有蛋白质、脂肪、膳食纤维、维生素B_1、维生素B_2、维生素C、钙、磷、铁、烟酸等。

选购▶ 主要是看形态和色泽以及有无霉烂、虫蛀现象，香菇一般以体圆齐整、杂质少、菌伞肥厚、表面平滑为好。

保存▶ 干香菇放在干燥、阴凉、通风处可以长期保存，鲜香菇建议即买即食。

香菇清洗法

1 把香菇放入碗中，加入清水。

2 浸泡片刻。

3 将香菇捞出，用清水冲洗干净。

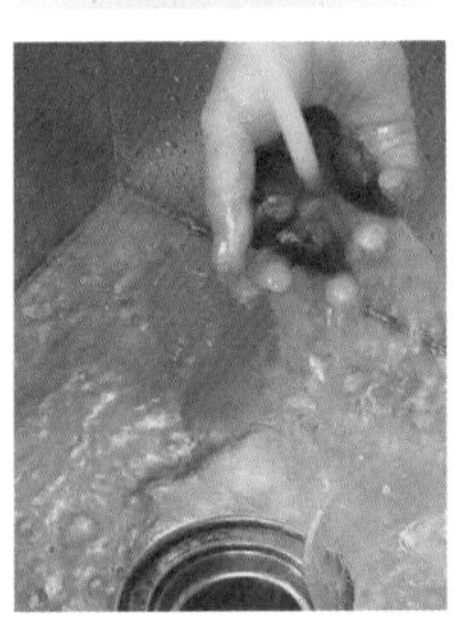

香菇切片

1 取洗净的香菇，去掉蒂。

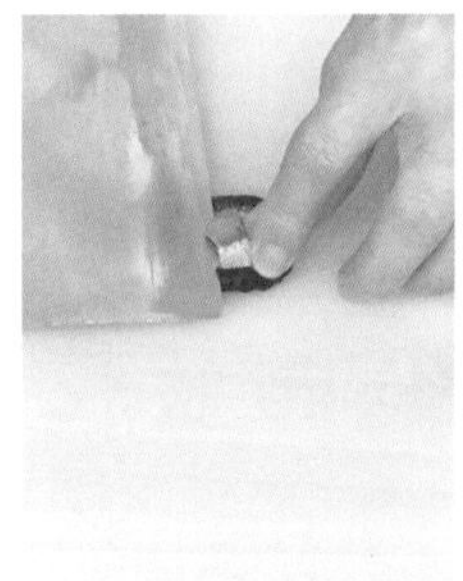

2 在香菇的一边起刀。

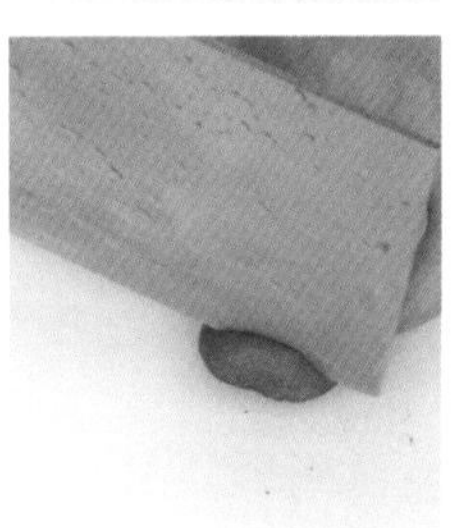

3 切成大小均匀的片状。

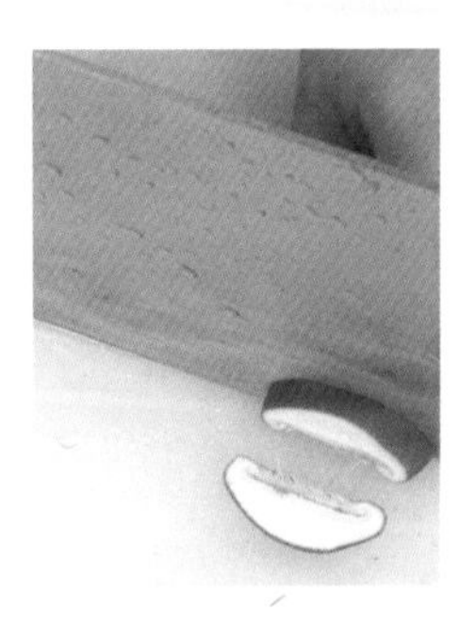

香菇蒸蛋

小百科

香菇是世界第二大食用菌，也是我国特产之一，在民间素有“山珍”之称，所含的营养物质对人体是非常有益的。

材料

香菇3朵

鸡蛋3个

香菜5克

调料

食盐3克

橄榄油适量

做法

1. 鸡蛋打入碗中拌匀，再加入温开水，放入少许食盐，搅拌均匀，用勺子把泡泡撇去。
2. 拌好的鸡蛋液加入洗净切薄片的香菇。
3. 蒸锅里加水烧开，放入蒸碗并盖上盖子，中火蒸7~8分钟。
4. 出锅后放入香菜，淋上橄榄油即可。

金针菇

性味▶ 性凉，味甘。

营养成分▶ 含蛋白质、维生素A、维生素C、膳食纤维、镁、钾、磷、胡萝卜素等。

选购▶ 宜挑选菌杆15厘米左右、颜色柔而不亮、菇帽未开裂的。

保存▶ 金针菇用热水烫一下，再放在冷水里泡凉，然后冷藏，可以保持原有的风味，0℃左右的环境约可储存10天。

金针菇食盐清洗法

1 切去金针菇的根部。

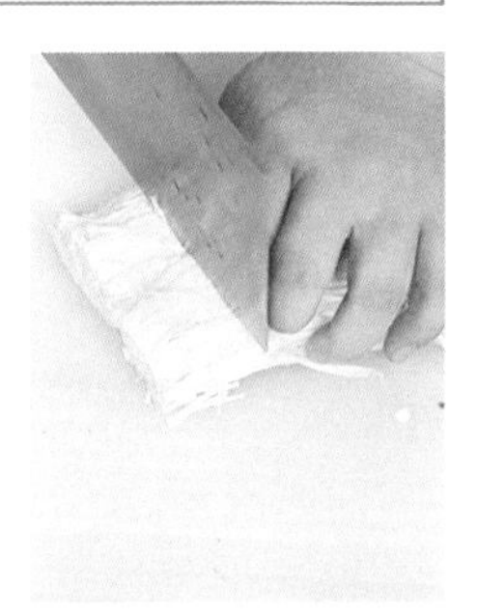

2 把金针菇放入装有水的盆中，加入适量的食盐，搅拌后浸泡片刻。

3 将金针菇捞出，冲洗干净。

金针菇切段

1 将金针菇码放整齐。

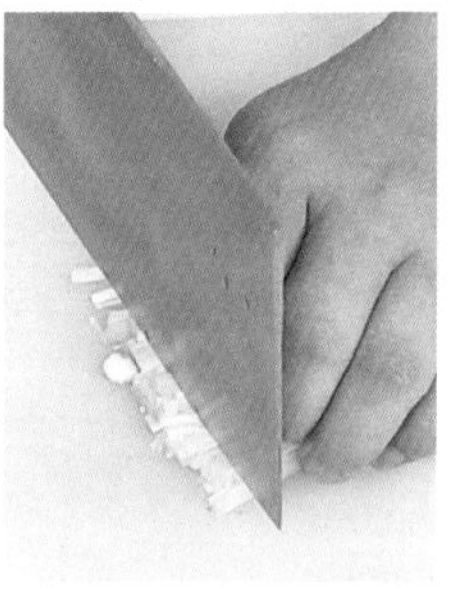

2 将码放整齐的金针菇切段。

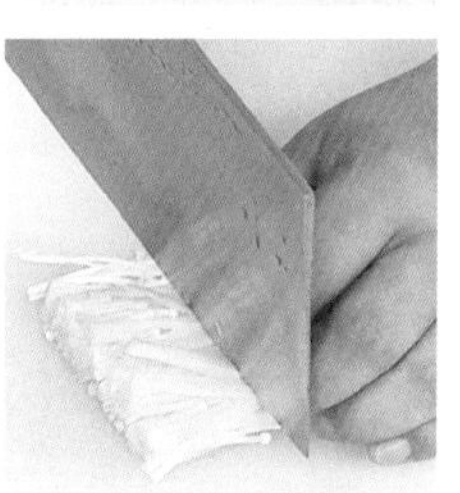

小百科

金针菇为真菌植物门真菌冬菇的子实体，营养丰富，清香扑鼻，在我国分布广泛。

湘味金针菇

材料

金针菇200克

剁椒10克

调料

食盐2克

水淀粉10毫升

食用油适量

做法

1. 取一个蒸盘，放入洗好的金针菇，铺开，待用。
2. 备好电蒸锅，放入蒸盘，盖上盖，蒸约10分钟，至食材熟透，揭盖，取出蒸盘。
3. 锅中注入食用油烧热，放入剁椒、食盐，倒入水淀粉，拌匀，调成味汁。
4. 将味汁浇在蒸熟的金针菇上即可。

猴头菇

性味▶ 性平，味甘。

营养成分▶ 含蛋白质、膳食纤维、维生素E、钾、钠、钙、镁、铁、锌、磷等。

选购▶ 菇形圆整、个头均匀、茸毛齐全、无畸形、无虫蛀、毛刺均匀、颜色金黄或黄里带白者为优等猴头菇。

保存▶ 可将干品猴头菇放在阴凉通风的地方保存，这样可以保存很久。

猴头菇清洗法

1 将猴头菇放入盆中，倒入适量的热水。

2 往盆中加入适量凉水，浸泡30分钟。

3 用手拿起猴头菇，反复搓洗挤压干水分。

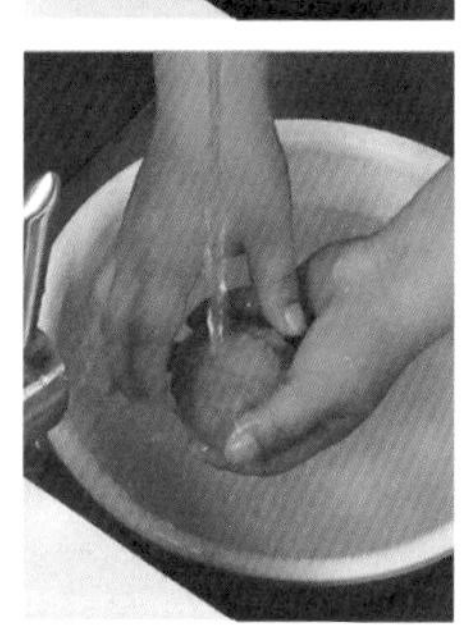

猴头菇切块

1 将猴头菇的根部去掉。

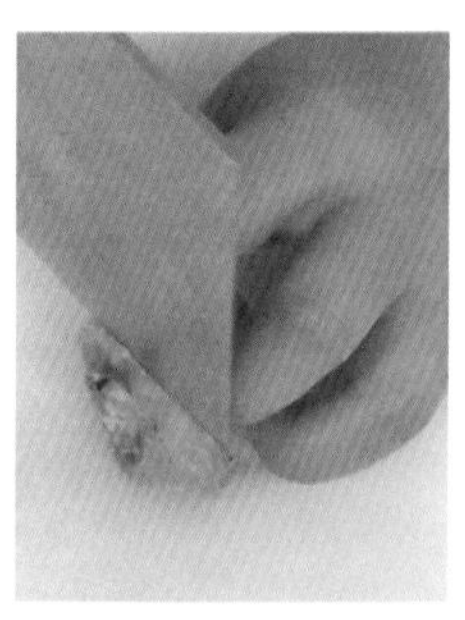

2 将去根的猴头菇切成条。

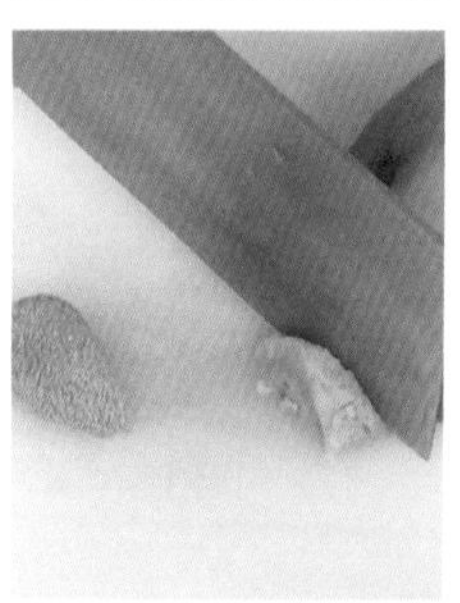

3 将猴头菇条切成块。

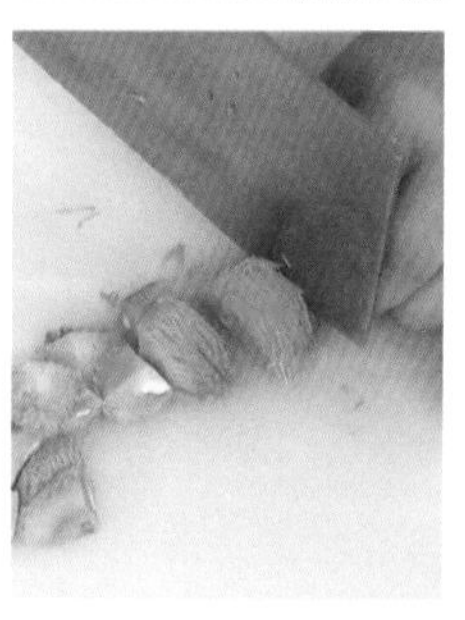

小百科

猴头菇是中国传统的四大名菜之一，素有“山珍猴头、海味燕窝”之誉。

猴头菇鸡汤

材料

猴头菇150克

鸡肉80克

红枣30克

枸杞子适量

调料

食盐3克

做法

1. 猴头菇洗净，放在清水中浸泡2小时，把猴头菇中间的硬心剪掉。
2. 将泡过的猴头菇用40℃的温水反复搓洗挤压7～8次，把猴头菇的黄色部分洗净。
3. 所有材料洗净，红枣去核，鸡肉焯水。
4. 所有材料一起入锅，加入适量清水，用大火煮开后转小火煲2小时。
5. 出锅前加食盐调味即可。

平菇

性味▶ 性温，味甘。

营养成分▶ 含蛋白质、糖类、纤维素、钙、磷、铁、B族维生素、维生素C等。

选购▶ 应选择个体完整无虫蛀、质地脆嫩而肥厚、背面褶皱明显、没有裂开的鲜平菇。

保存▶ 可用保鲜膜封好，放置在冰箱冷藏室中，可保存一周左右。

平菇食盐清洗法

1 切除平菇根部。

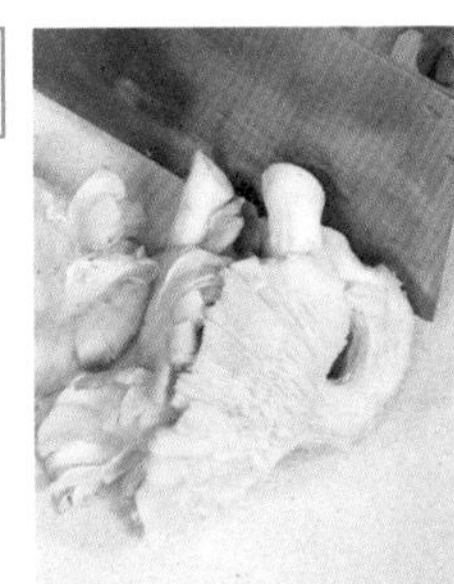

2 将平菇放进盆里，加入清水，再加入食盐。

3 平菇在盐水中浸泡5分钟左右。

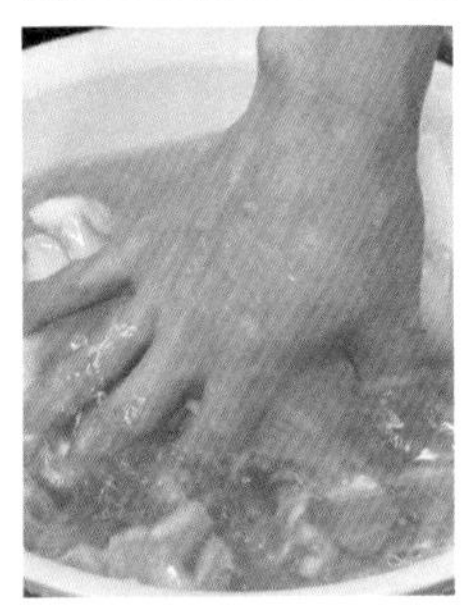

4 取一块软布，沿平菇纹路擦洗。

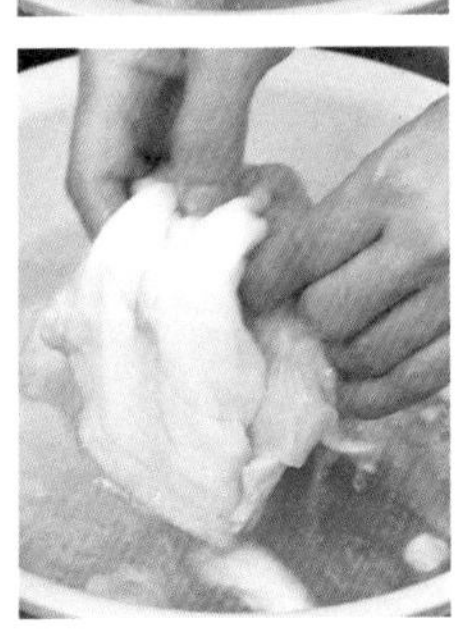

5 用手清理菌柄的泥沙。

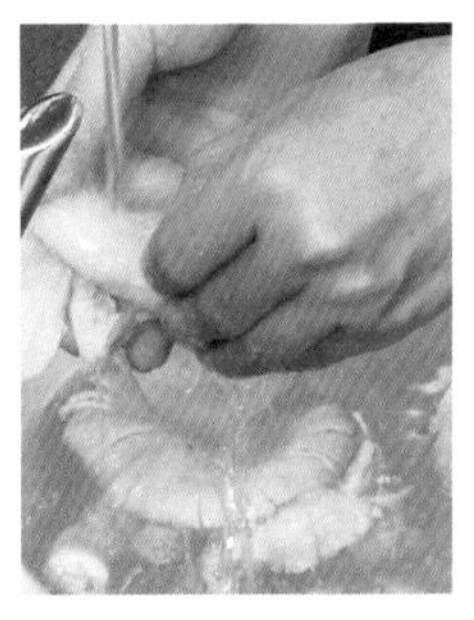

6 冲洗干净即可。

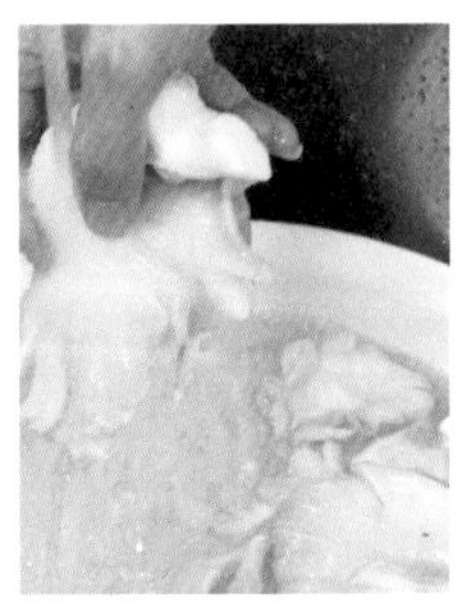

平菇切块

1 取平菇，将菌柄与菌伞分离。

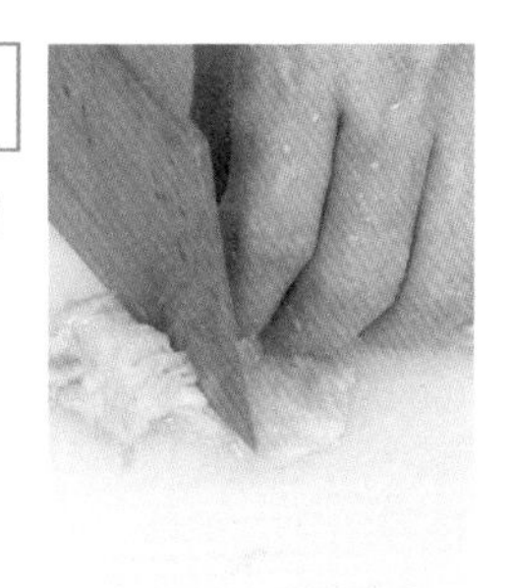

2 将菌伞依次切成均匀的小块。

莴笋炒平菇

材料

平菇100克

莴笋150克

红椒30克

调料

食盐2克

食用油适量

做法

❶ 洗净的平菇撕成块；洗净去皮的莴笋切成片；洗净的红椒去蒂，切成块。

❷ 锅中注入食用油烧热，放入莴笋片，炒匀。

❸ 加入平菇块、红椒块，炒至熟软。

❹ 调入食盐，炒匀，盛出即可。

小百科

平菇是日常食用菌中的一种。质地肥厚，嫩滑可口，有类似牡蛎的香味，是百姓餐桌上的佳品。

茶树菇

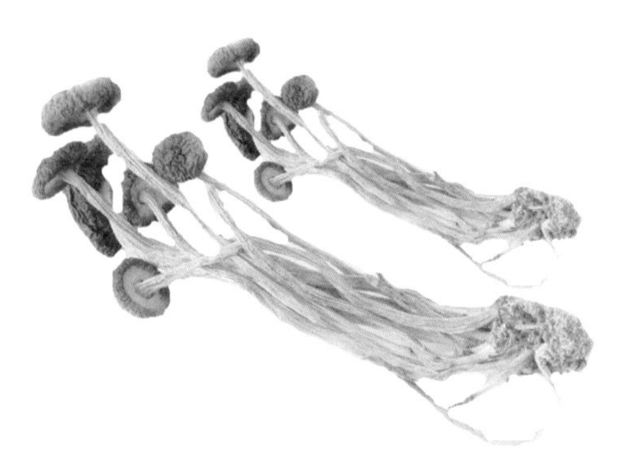

性味▶ 味甘，性平。

营养成分▶ 含蛋白质、B族维生素、钾、钙、多种人体必需氨基酸、镁、铁、锌等。

选购▶ 茶色较鲜艳的茶树菇质量较好，菌盖未完全打开的茶树菇比较新鲜。

保存▶ 先包一层纸，再放入保鲜袋，置于阴凉通风干燥处保存即可。

茶树菇食盐清洗法

1 切除茶树菇的蒂部。

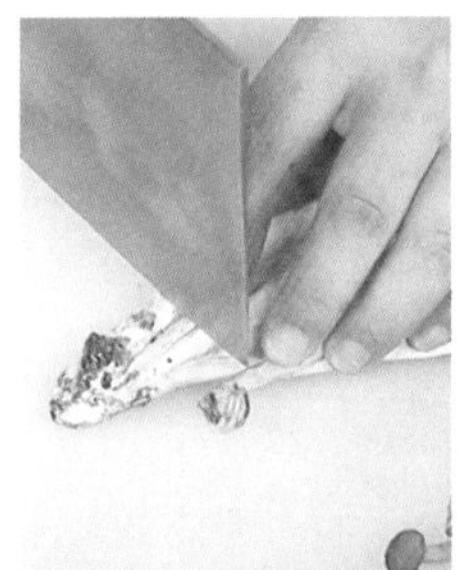

2 将新鲜茶树菇先用清水泡5~10分钟，再用清水冲2遍。

3 将清水泡好后的茶树菇用淡盐水泡10分钟左右。

4 再冲洗一遍就可以了。

茶树菇切段

1 洗净的茶树菇切去蒂。

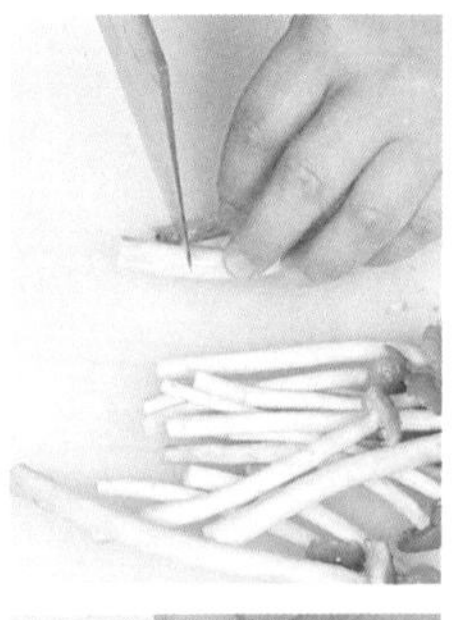

2 将茶树菇切成均等的4厘米左右的段即可。

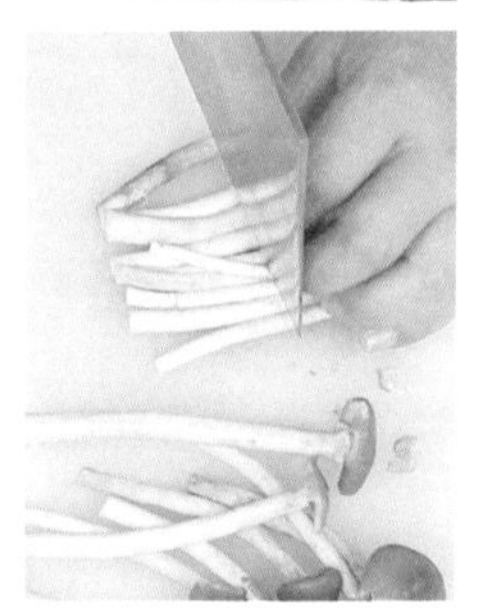

茶树菇草鱼汤

小百科

茶树菇营养丰富，含有人体所需的多种氨基酸；其味道鲜美，脆嫩可口，是集保健食疗于一身的纯天然食用菌。

材料

水发茶树菇90克
草鱼肉200克
姜片、葱花各少许

调料

料酒5毫升
芝麻油3毫升
水淀粉4毫升
食盐、鸡粉各3克
胡椒粉2克

做法

1. 洗好的茶树菇切去老茎；洗净的草鱼肉切成片。
2. 鱼片装碗，加入料酒、食盐、鸡粉、胡椒粉、水淀粉、芝麻油，拌匀，腌渍10分钟。
3. 锅中注水烧开，放入茶树菇，煮至七分熟，捞出，沥干水分。
4. 另起锅，注水烧开，倒入茶树菇、姜片，搅匀，加入芝麻油、食盐、鸡粉、胡椒粉，拌匀，煮沸，放入鱼片，煮至鱼片变色，盛出，装碗，撒入葱花即可。

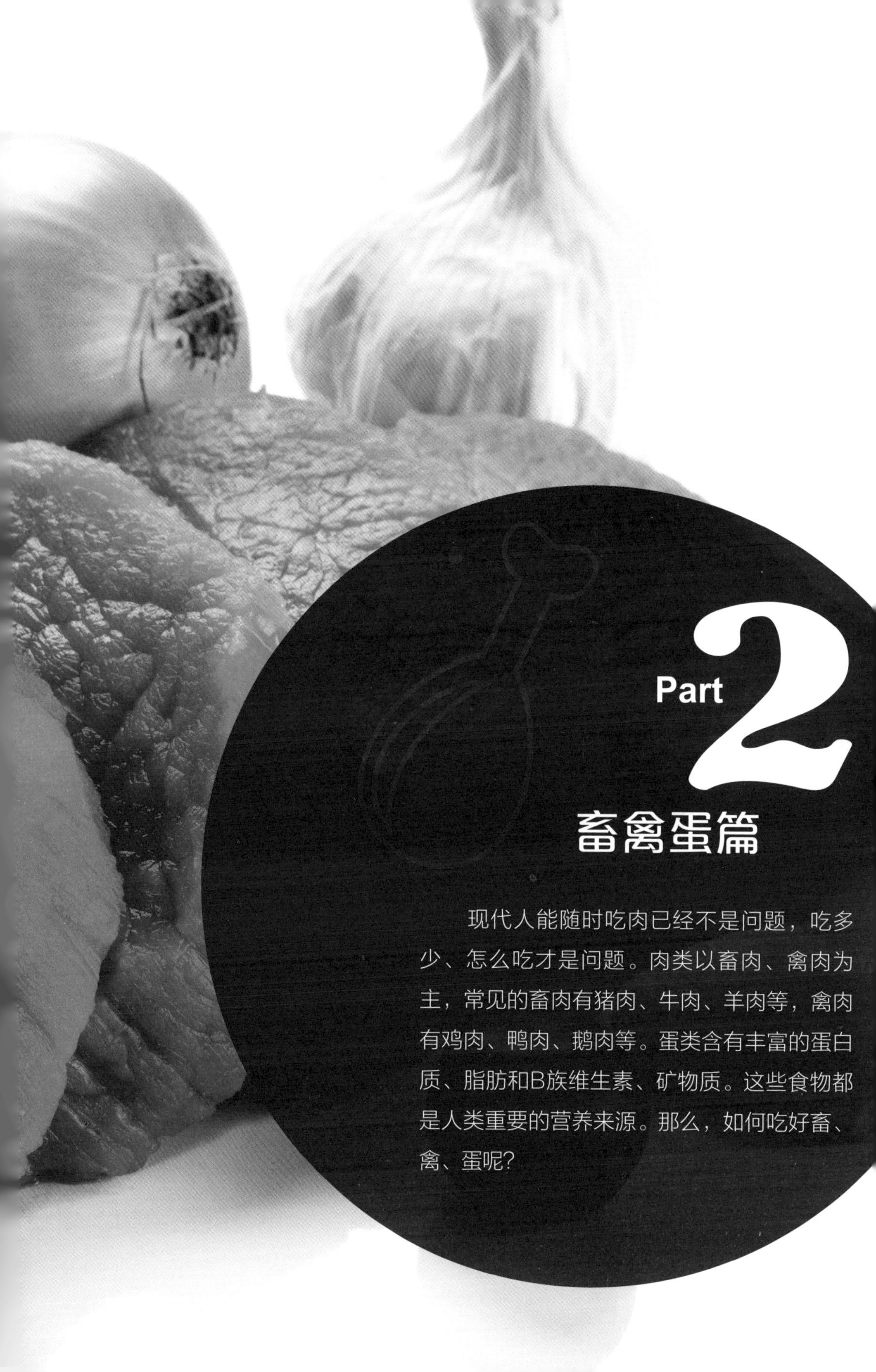

Part 2 畜禽蛋篇

现代人能随时吃肉已经不是问题，吃多少、怎么吃才是问题。肉类以畜肉、禽肉为主，常见的畜肉有猪肉、牛肉、羊肉等，禽肉有鸡肉、鸭肉、鹅肉等。蛋类含有丰富的蛋白质、脂肪和B族维生素、矿物质。这些食物都是人类重要的营养来源。那么，如何吃好畜、禽、蛋呢？

猪肉

性味▶ 性平，味甘、咸。

营养成分▶ 含有丰富的蛋白质、脂肪、糖类、钙、磷、铁等。

选购▶ 新鲜的猪肉颜色呈淡红色，肉质较柔软，品质也较优良。

保存▶ 将肉切成肉片，在锅内加油煸炒至肉片转色，盛出，凉凉后放进冰箱冷藏，可贮藏2~3天。

猪肉淘米水清洗法

1 猪肉放入盆中，倒入淘米水。

2 用手抓洗猪肉片刻。

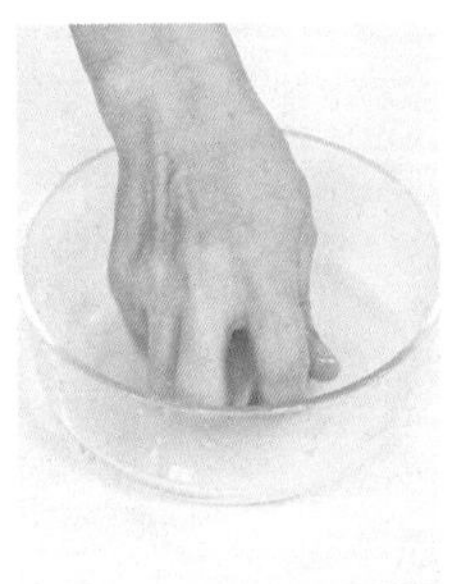

3 用清水将猪肉冲洗干净即可。

猪肉切丁

1 取一块洗净的猪肉，切成几份。

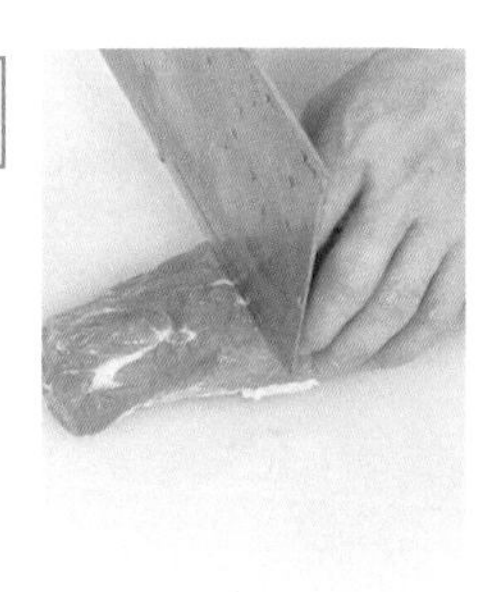

2 将猪肉块不规则的边缘切除。

3 把猪肉块切厚片。

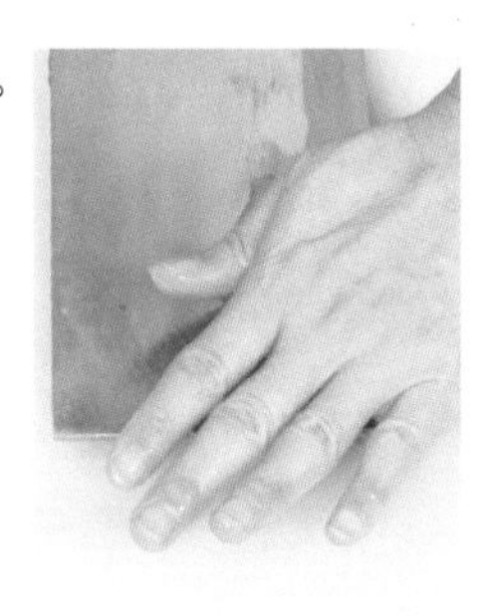

4 把猪肉厚片切成均匀的条。

5 将猪肉条摆放整齐，切成均匀的丁状即可。

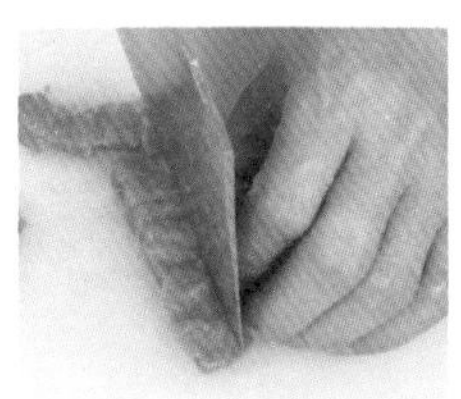

小百科

猪肉是目前人们餐桌上最重要的动物性食品之一。猪肉纤维较为细软，结缔组织较少，肌肉组织中含有较多的肌间脂肪，因此，经过烹调加工后味道特别鲜美。

山楂炒肉丁

材料	调料
猪瘦肉150克	食盐、鸡粉各4克
山楂70克	料酒、水淀粉各4毫升
香菇50克	食用油适量

做法

❶ 洗净的香菇切成片；洗好的山楂去蒂，去核，切成小块。

❷ 洗净的猪瘦肉切块，装碗，加入食盐、鸡粉、水淀粉、食用油，拌匀，腌渍10分钟。

❸ 香菇、山楂均焯水至断生，捞出。

❹ 热锅注油，放入肉块、料酒，炒匀，倒入山楂、香菇、鸡粉、食盐，炒匀调味，淋入水淀粉勾芡，盛出炒好的菜肴即可。

猪排骨

性味▶ 性平，味甘、咸。

营养成分▶ 含蛋白质、脂肪、大量磷酸钙、维生素、骨胶原、骨粘连蛋白等。

选购▶ 新鲜的排骨颜色鲜红，最好呈粉红色，不能太红或者太白。

保存▶ 刚买的排骨最好能在半小时内料理；若不能，则不经清洗直接用保鲜膜包好，放入冰箱冷冻层保存。

猪排骨淘米水清洗法

1 把猪排骨放在盆里，加入淘米水，浸泡15分钟左右。

2 用手将猪排骨清洗干净。

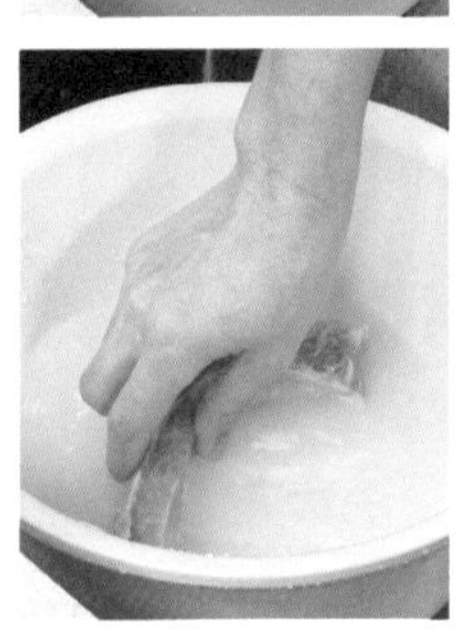

猪排骨切长段

1 取一块汆烫过的猪排骨，将排骨两边的肉切掉，修理整齐。

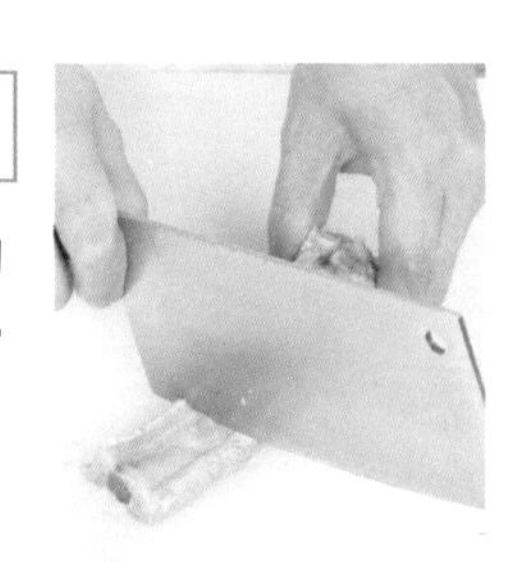

2 将整条排骨均匀地切成长段即可。

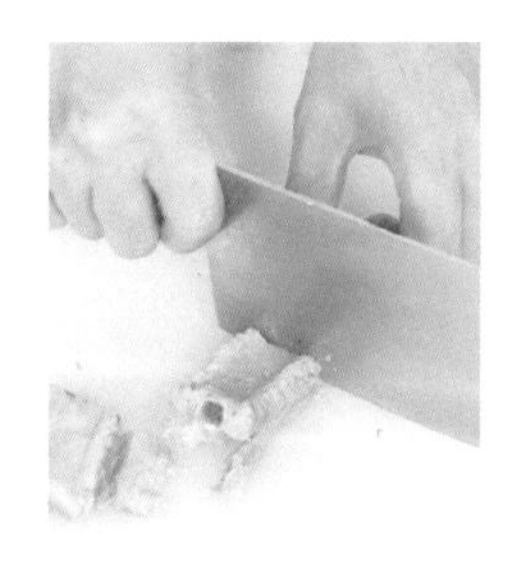

小百科

排骨指剔除肉后剩下的肋骨和脊椎骨，上面还附有少量肉可以食用，有多种烹饪方式。

玉米排骨鲜汤

材料

玉米段、

排骨各200克

姜片、葱花、

葱段各少许

调料

料酒8毫升

食盐2克

做法

❶ 锅中注水烧热，倒入排骨、料酒，汆煮去血水，捞出，沥干水分。

❷ 锅中注水烧开，倒入玉米段、排骨、姜片、葱段，搅拌片刻，盖上锅盖，煮1小时至熟透。

❸ 掀开锅盖，加入食盐，搅拌片刻，使食材入味，盛出装碗，撒葱花即可。

猪肘

性味 ▶ 性平，味甘、咸。

营养成分 ▶ 含有蛋白质、脂肪、钾、钙、磷、糖类等。

选购 ▶ 新鲜猪肘的肉皮色泽白亮，无残留毛及毛根。

保存 ▶ 将猪肘切成块状，用沸水烫一下，凉凉后涂上适量食盐，装入容器，纱网封口，放入冰箱冷冻层保存。

猪肘汆烫清洗法

1 将猪肘放在流动水下冲洗。

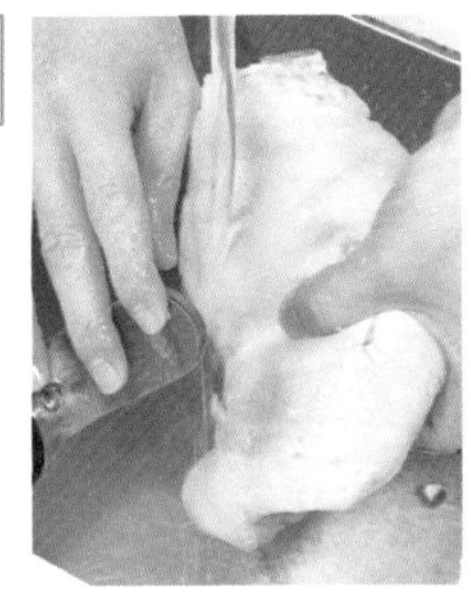

2 锅中注入清水，烧开。

3 将猪肘放锅中，汆去血水。

4 把猪肘捞出，沥干水分。

5 用刀将猪肘表皮刮干净。

6 用清水将猪肘冲洗干净，沥干即可。

小百科

猪肘分为前肘、后肘，其皮厚，筋多，胶质重，蛋白质含量高，适宜凉拌、烧、炖、卤、煨等。

卤猪肘

材料

猪肘500克

姜末适量

调料

冰糖10克

八角2个

桂皮1块

料酒、食用油、花椒各适量

做法

❶ 将洗好的猪肘划上几刀。

❷ 加入姜末、料酒腌制30分钟。

❸ 锅中注入食用油，倒入清水，加入冰糖、八角、桂皮、花椒、猪肘，煮约35分钟，盛出装碗即可。

猪蹄

性味▶ 性平，味甘、咸。

营养成分▶ 含脂肪、糖类、钙、磷、铁、维生素A、维生素E等。

选购▶ 挑选大小适中、表皮颜色泛白光、皮肉紧密粘连的为佳。

保存▶ 猪蹄最好趁新鲜制作成菜，若须保存，直接用保鲜膜包好，放冰箱冷冻层，可保存几天不变质。

猪蹄燎刮清洗法

1 用火钳夹住猪蹄，置于明火上烧。

2 不断转动猪蹄，以便整只猪蹄的毛都被火烧掉。

3 用刀刃轻轻刮掉猪蹄表皮的黑色糊皮。

4 用清水将猪蹄冲洗干净即可。

猪蹄斩块

1 猪蹄中间切一刀，斩成两半。

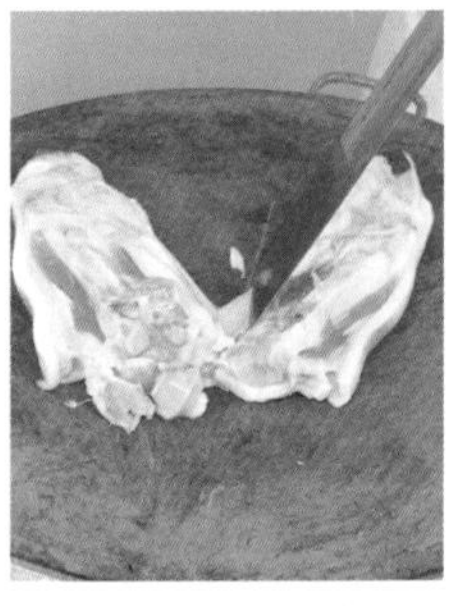

2 将半个猪蹄砍成块状。

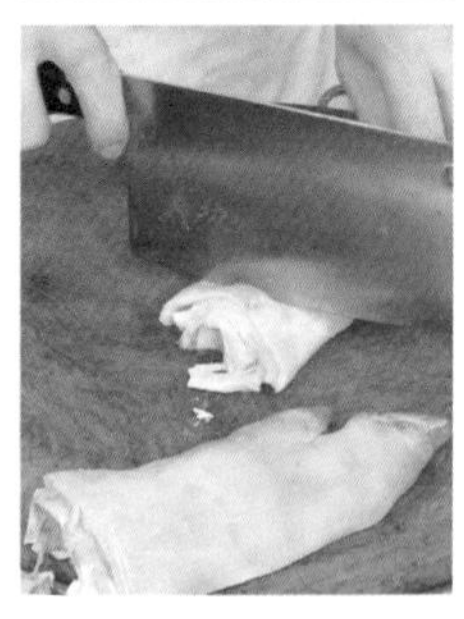

红枣花生米焖猪蹄

小百科

猪蹄又称为猪手、元蹄。猪蹄分前后两种：前猪蹄肉多骨少，较直；后猪蹄肉少骨多，较弯。

材料

红枣5克
西蓝花280克
猪蹄块550克
花生米90克
姜片、八角、
桂皮各少许

调料

料酒10毫升
食盐4克
生抽、水淀粉、
食用油各适量

做法

❶ 洗净的西蓝花切成小朵，倒入沸水锅中，汆煮断生，捞出沥干，摆好盘。

❷ 沸水锅中倒入猪蹄块和少许料酒，汆去血水，捞出猪蹄块，沥干水分。

❸ 油锅爆香八角、桂皮、姜片，倒入猪蹄块，炒匀，加入料酒、生抽、清水、花生米、红枣，拌匀；加入食盐调味，焖1小时至熟透，再加入水淀粉勾芡，盛入摆有西蓝花的盘中即可。

猪尾

性味▶ 性平，味甘。

营养成分▶ 含有较丰富的蛋白质、糖类、维生素、矿物质等。

选购▶ 应选购较粗长的，这种猪尾胶质较丰富。

保存▶ 猪尾先用水洗净，然后分割成小块，分别装入不同的保鲜袋，再放入冰箱冷冻层保存。

猪尾燎刮清洗法

1 猪尾用火钳夹着放明火上烧，不断转动，以便猪尾的毛都能被火烧掉，但火燎的时间不宜过长。

2 用刀刮掉猪尾表皮的黑色糊皮。

3 用清水将猪尾冲洗干净。

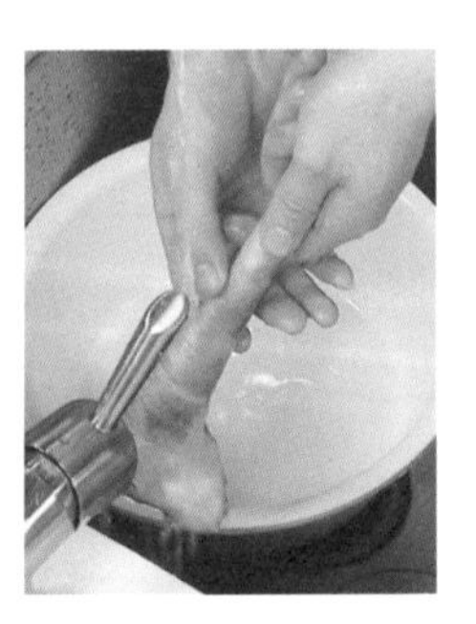

猪尾切段

1 把猪尾放砧板上。

2 将猪尾切成段即可。

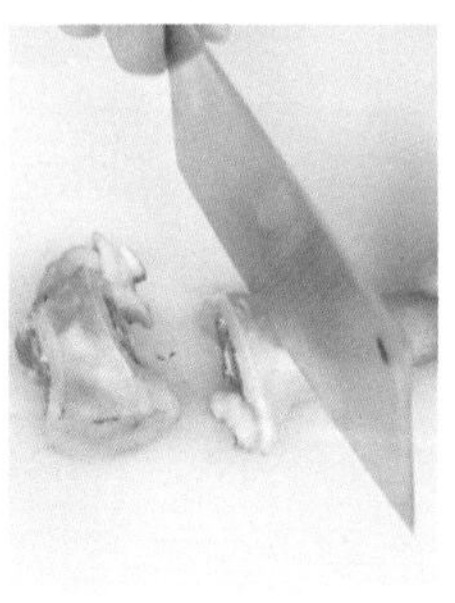

小百科

猪尾由皮质和骨节组成，皮多，胶质重，多使用烧、卤、酱、凉拌等烹调方法，是不错的烹饪材料。

尖椒烧猪尾

材料

猪尾150克

青椒块、红椒块各50克

生姜、葱段各少许

调料

食盐2克

生抽5毫升

料酒10毫升

食用油适量

做法

❶ 洗净的猪尾切成段。

❷ 锅中注入适量清水，加入猪尾，放入生姜、料酒，氽至断生，捞出沥干。

❸ 锅中注油烧热，下入葱段、青椒块、红椒块爆香，再倒入猪尾段，炒至食材熟软，最后加入食盐、生抽调味即可。

猪皮

性味▶ 性凉，味甘。

营养成分▶ 含蛋白质、维生素、矿物质等。

选购▶ 猪皮去毛要彻底，无残留毛及毛根。

保存▶ 新鲜的猪皮购买后不宜长时间保存，最好在1～2天内制作食用。

猪皮食盐清洗法

1 往盆里加水，放入猪皮，加入适量的食盐，搅匀，浸泡15分钟左右。

2 用手揉搓清洗猪皮。

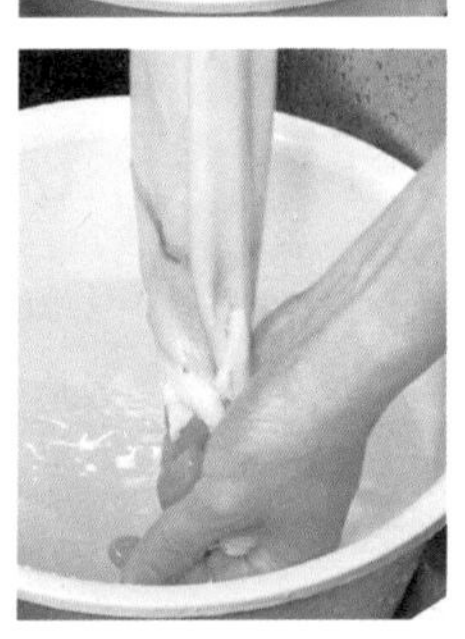

3 换一盆清水，将猪皮放入其中，加入食盐，再次浸泡10分钟左右。

4 用手将浸泡后的猪皮搓洗干净。

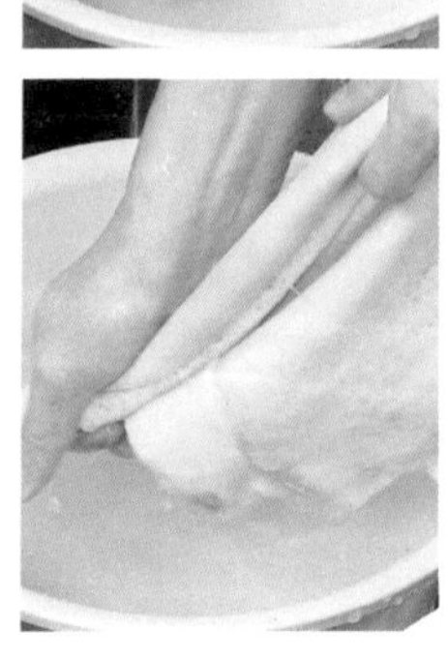

5 将猪皮放入沸水锅中。

6 盖上锅盖，将猪皮煮到翻卷，捞出沥水备用。

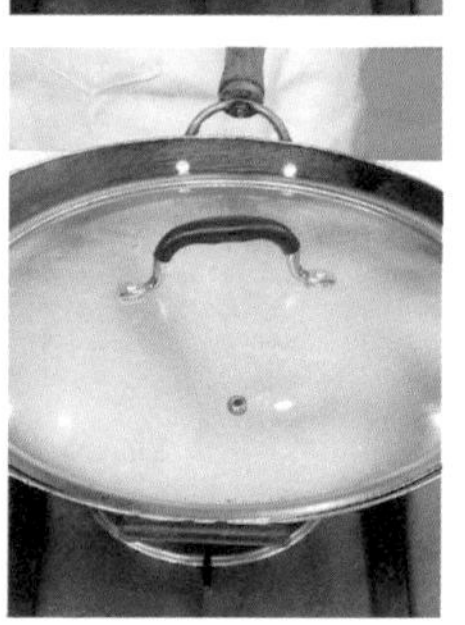

猪皮切小三角块

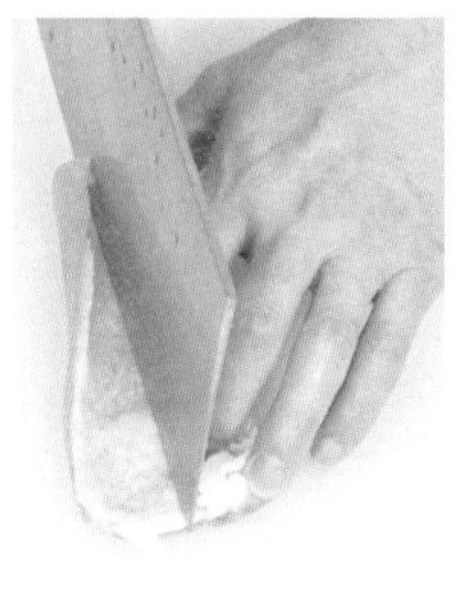

1 取一块洗净汆烫过的猪皮，用刀切成均匀的宽条。

2 将猪皮上多余的肉切掉，从一端斜切成同样大小的小三角块即可。

凉拌猪皮

材料

猪皮200克

香菜10克

调料

生抽4毫升

食盐3克

芝麻油适量

做法

❶ 洗净的猪皮切成丝；洗净的香菜去根，切成段。

❷ 锅中注入适量清水烧开，放入猪皮丝，煮至熟，捞出，沥干水分。

❸ 猪皮丝装入碗中，加入生抽、食盐、芝麻油、香菜段，搅拌均匀即可。

小百科

猪皮是一种蛋白质含量很高的肉制品原料。它口感特别，营养价值高，蛋白质含量是猪肉的2.5倍，糖类的含量比猪肉高4倍，而脂肪含量却只有猪肉的1/2。

猪血

性味▶ 性平，味咸。

营养成分▶ 含蛋白质、维生素C、维生素B_2、铁、磷、钙、烟酸等。

选购▶ 切面粗糙，有小孔，有股淡淡的腥味，说明是真猪血。

保存▶ 猪血用保鲜盒装好，置于冰箱冷藏室可短期储存，一般可保存两天。

猪血清洗法

1 将猪血放在清水里泡一下，用手翻洗。

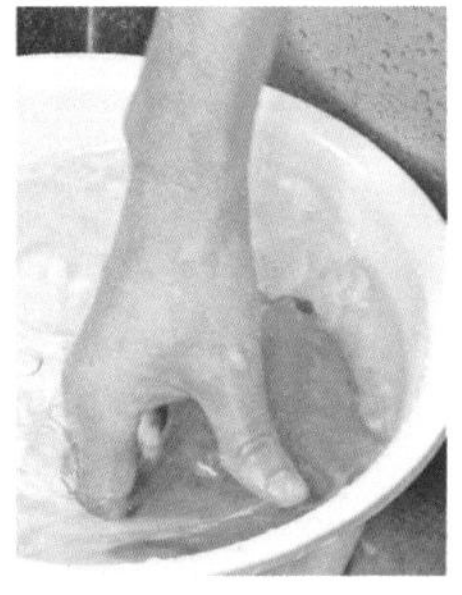

2 用流水轻轻地冲洗猪血。

3 用漏勺将猪血捞出，沥干水分。

猪血切块

1 取一块洗净的猪血，从一侧开始切均匀的大块。

2 将大块的猪血摆放整齐，切成同样大小的小块即可。

猪血山药汤

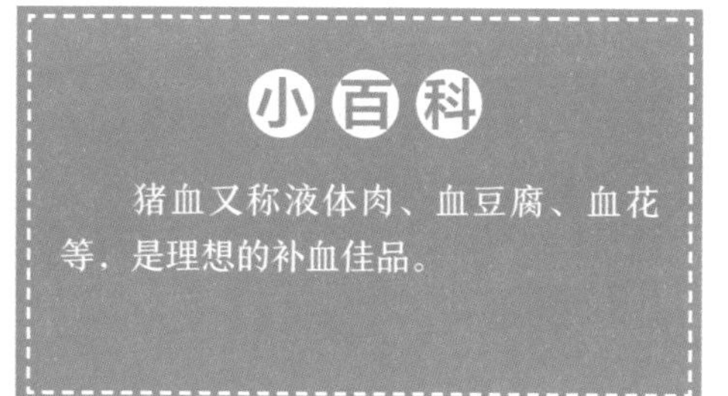

材料

猪血270克
山药70克
葱花少许

调料

食盐2克
胡椒粉少许

做法

❶ 洗净去皮的山药用斜刀切厚片，洗好的猪血切小块。

❷ 锅中注水烧热，倒入猪血，汆去污渍，捞出，沥干水分。

❸ 另起锅，注水烧开，倒入猪血、山药，盖上盖，烧开后用中小火煮约10分钟至食材熟透。

❹ 揭开锅盖，加入食盐，拌匀，关火后待用。

❺ 取一个汤碗，撒入胡椒粉，盛入锅中的汤料，点缀上葱花即可。

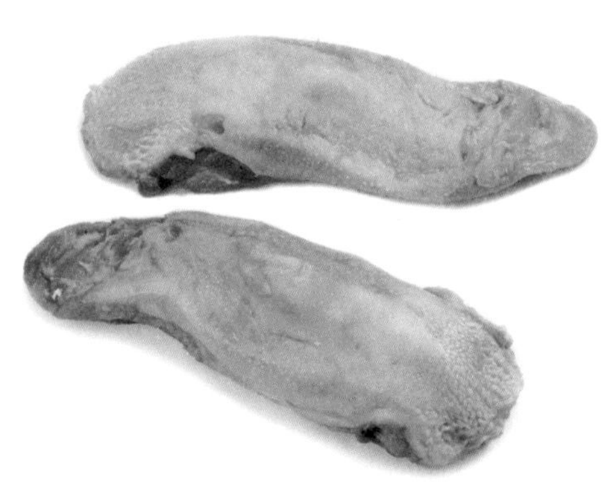

猪舌

性味▶ 性平，味甘、咸。

营养成分▶ 含有丰富的蛋白质、维生素A、B族维生素、铁、硒等。

选购▶ 新鲜猪舌呈灰白色，包膜平滑，无异块和肿块，舌体柔软有弹性，无异味。

保存▶ 建议先下入沸水锅中煮几分钟，捞出来沥干水，放凉之后用保鲜膜密封，放入冰箱冷冻室储存。

猪舌清洗法

1 将猪舌用流动的水冲洗。

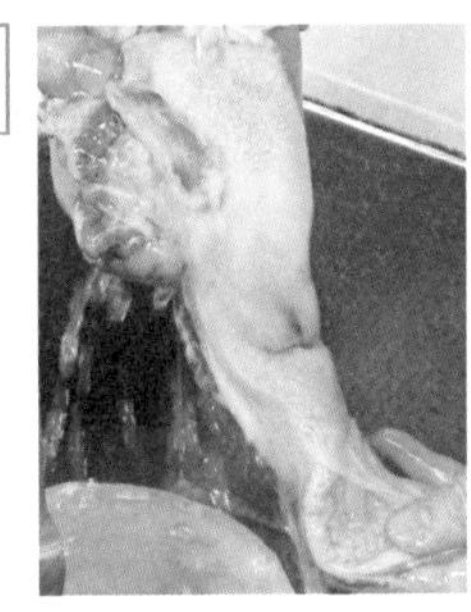

2 将猪舌装入碗中，加入少许食盐。

3 用手将猪舌和食盐混合均匀，再抓洗一会儿。

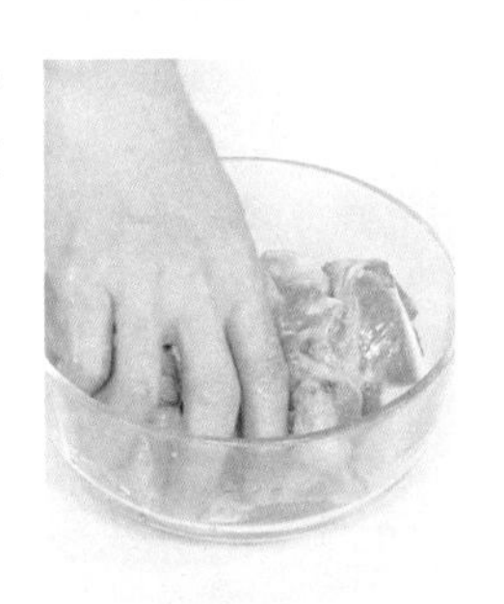

4 把猪舌放进沸水锅中，汆烫几分钟。

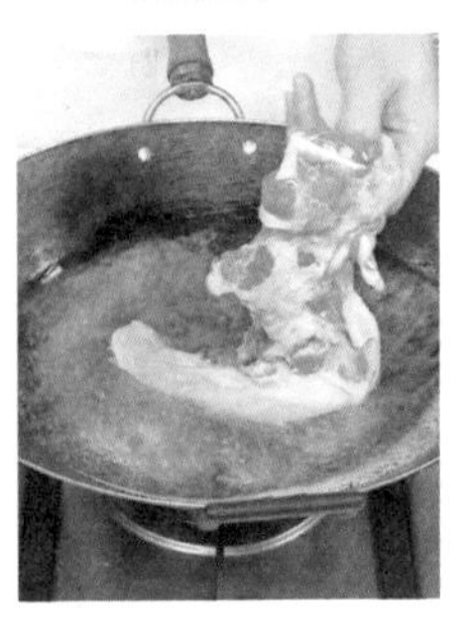

5 待猪舌表面紧缩后，捞出。

6 把猪舌放入大碗中，倒入凉水浸泡几分钟。

7 捞出猪舌，用刀将表面的白膜刮干净。

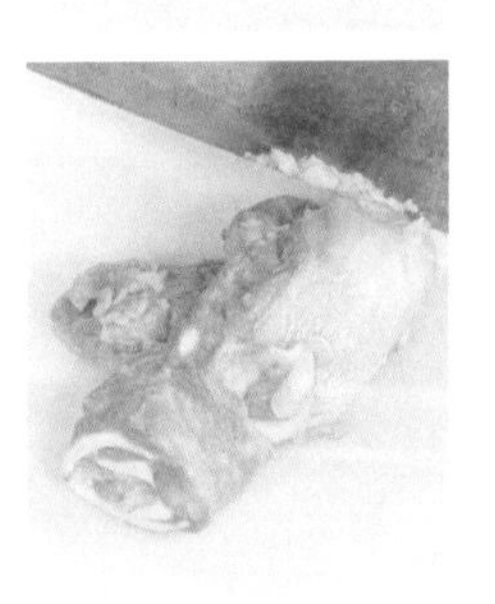

8 用清水冲洗干净，沥干即可。

猪舌切片

1 取一个洗净的猪舌，切除多余的脂肪。

2 从一端开始切片，把余下的切成同样的片。

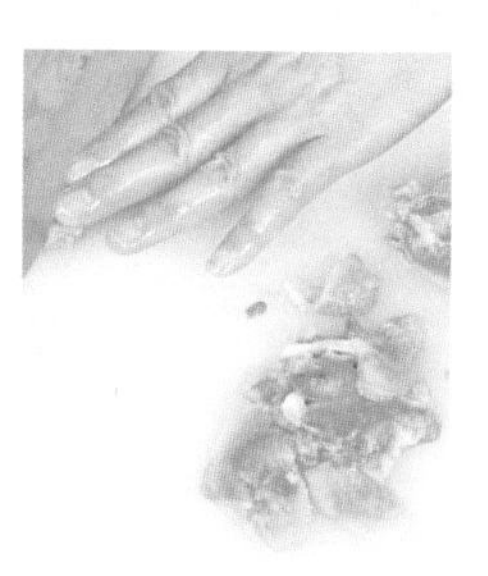

卤猪舌

材料

猪舌180克　八角2个
香菜少许　姜丝、
桂皮1片　花椒各适量

调料

冰糖2颗
酱油、
食盐各适量

做法

❶ 猪舌洗干净，去掉表层的白色的膜。

❷ 将猪舌整个放入锅中，加入桂皮、八角、冰糖、花椒、酱油、食盐、姜丝，注水烧开，煮1小时。

❸ 捞出，放凉，切成片，摆在盘中，点缀上香菜即可。

小百科

猪舌肉质坚实，无骨，无筋膜、韧带，熟后无纤维质感。不论酱、烧、烩、卤、熏均味道独特，是一种不油腻的美味佳肴。

猪肚

性味▶ 性微温，味甘。

营养成分▶ 含有钙、磷、铁、蛋白质、脂肪、糖类、维生素等。

选购▶ 新鲜的猪肚富有弹性和光泽，白色中略带浅黄色，黏液多，质地坚而厚实。

保存▶ 猪肚直接内外抹食盐，放冰箱冷藏室，可以保存一周。

猪肚清洗法

1 将猪肚放在盆里，加入食盐。

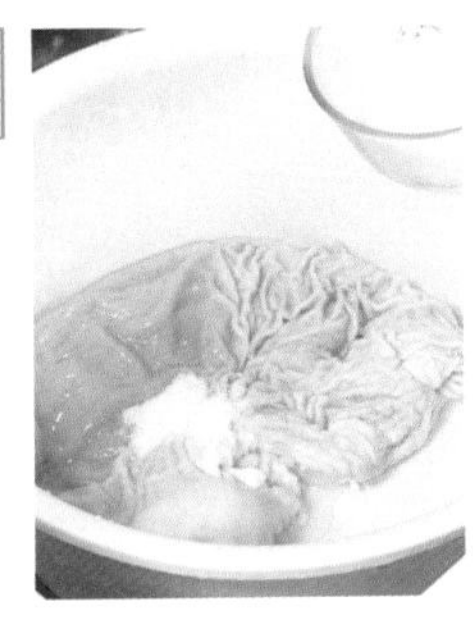

2 在盆里加入生粉，注入适量的清水，浸泡15~20分钟。

3 揉搓清洗猪肚。

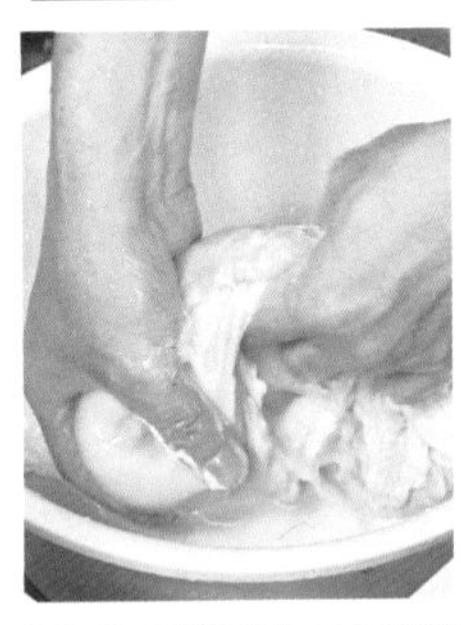

4 将猪肚放在流水下冲洗干净。

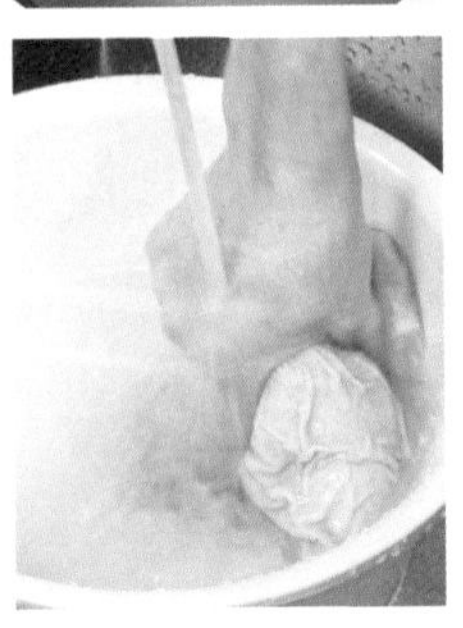

5 将猪肚放入沸水锅中，汆烫一下。

6 用漏筛将猪肚从锅里捞出来，沥水即可。

猪肚切丝

1 取一块洗净切开的猪肚，从中间切成两半。

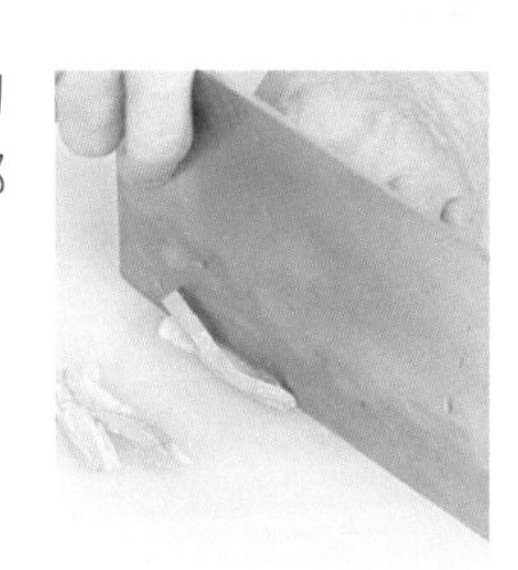

2 取其中的一半切丝，再将猪肚都切成同样的丝。

腰果炒猪肚

材料	调料
熟猪肚300克	食盐、鸡粉各2克
芹菜120克	生抽、料酒、水淀粉、
腰果30克	食用油各适量
红椒、葱白各少许	

做法

❶ 熟猪肚去除油脂，切成条；洗好的红椒去籽，切丝；芹菜切成段。

❷ 猪肚、芹菜、红椒均焯水片刻，捞出，沥干水分。

❸ 用食用油起锅，倒入腰果，炸至金黄，捞出。

❹ 锅中留油，放入猪肚条、料酒、芹菜段、红椒丝、腰果、食盐、鸡粉、生抽、水淀粉，炒匀，盛出装盘即可。

小百科

猪肚是猪的胃，而非猪的肚腩，曾作为宴客的高级食材，虽然现在已经很普遍，但在宴客时仍不失为一道佳品。

猪肝

性味▶ 性温，味甘、苦。

营养成分▶ 含蛋白质、脂肪、糖类、钙、磷、铁、锌、维生素B_1、维生素B_2等。

选购▶ 按压有弹性，无硬块、水肿、脓肿的是正常猪肝。

保存▶ 先把猪肝用毛巾包裹，再放入保鲜袋中扎紧，放冰箱冷冻区，可保存15～30天。

猪肝浸泡清洗法

1 将猪肝放在水龙头下冲洗干净。

2 将猪肝放入装有清水的碗中。

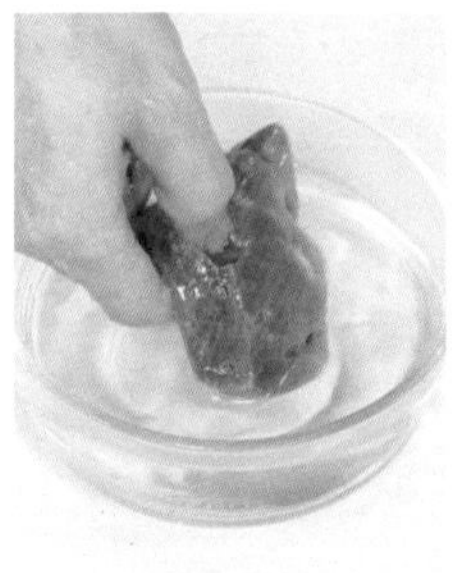

3 静置1～2小时，去除猪肝残血，捞出沥干即可。

猪肝切条

1 取一块洗净的猪肝，从中间切开，一分为二。

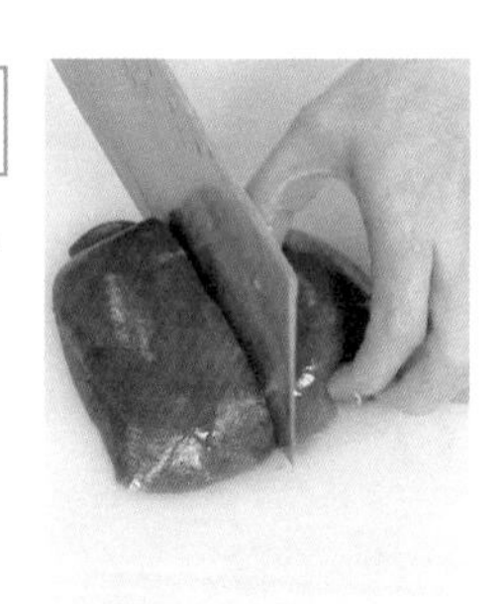

2 取其中一块猪肝，从中间用平刀切开。

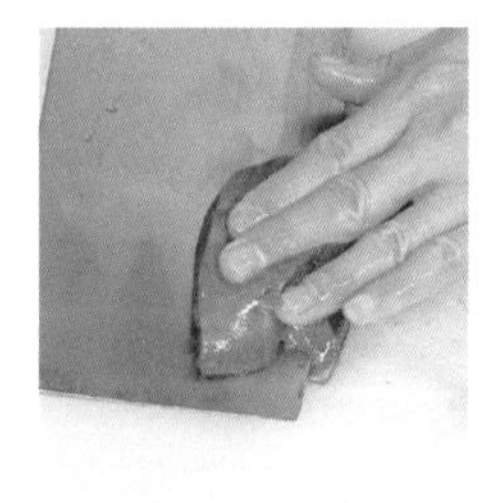

3 取其中一片猪肝，从中间切一刀，一分为二。

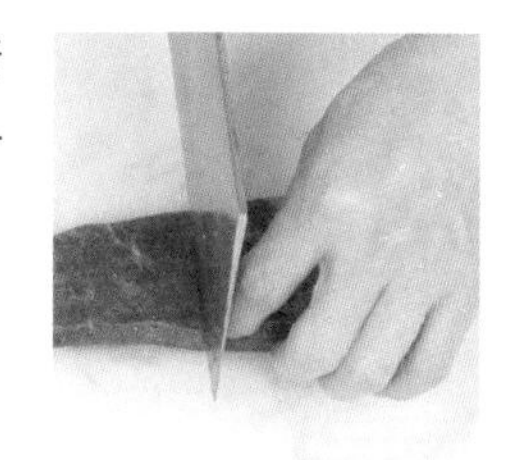

4 把切开的两块猪肝分开，取其中一块展平放好，用直刀切条。

5 把余下的猪肝切成条即可。

小百科

肝脏是动物体内储存养料和解毒的重要器官，含有丰富的营养物质，具有保健功能，是最理想的补血佳品之一。

猪肝熘丝瓜

材料

丝瓜100克
猪肝150克
红椒、姜片、蒜末各少许

调料

食盐、鸡粉各2克
生抽、料酒各3毫升
水淀粉、食用油各适量

做法

❶ 洗净去皮的丝瓜切成小条；洗好的红椒去籽，切成片；洗净的猪肝切成薄片。
❷ 把猪肝片放在碗中，加入食盐、鸡粉、料酒、水淀粉，拌匀，腌渍至食材入味。
❸ 猪肝焯水片刻，捞出，沥干水分。
❹ 用食用油起锅，放入姜片、蒜末爆香，加入猪肝片、丝瓜条、红椒片、料酒、生抽、食盐、鸡粉、水淀粉，炒熟，出锅即可。

猪肺

性味▶ 性平，味甘。

营养成分▶ 含有蛋白质、脂肪、钙、磷、铁、维生素B_1、维生素B_2、烟酸等。

选购▶ 正常、新鲜的猪肺是完整的，无破损的，猪肺上的脉络清晰，无斑点或任何刮痕。

保存▶ 猪肺用保鲜膜包好，放入冰箱冷冻室储存。烹饪前取出，自然解冻即可。

猪肺清洗法

1 沿着肺管往里注水，水满后再挤出，反复几次冲洗干净。

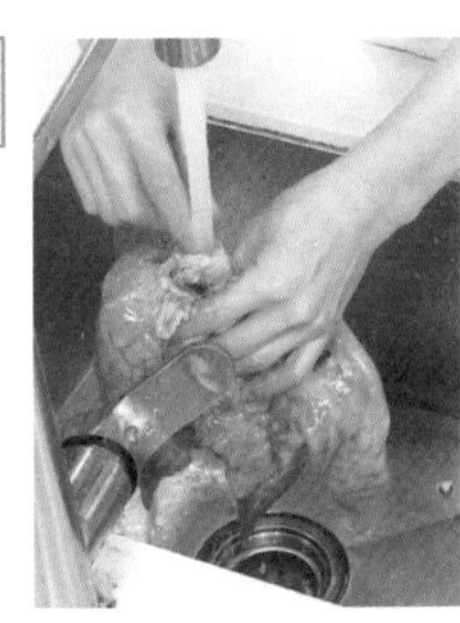

2 锅中注入清水，烧开。

3 将猪肺放入沸水中，煮几分钟。

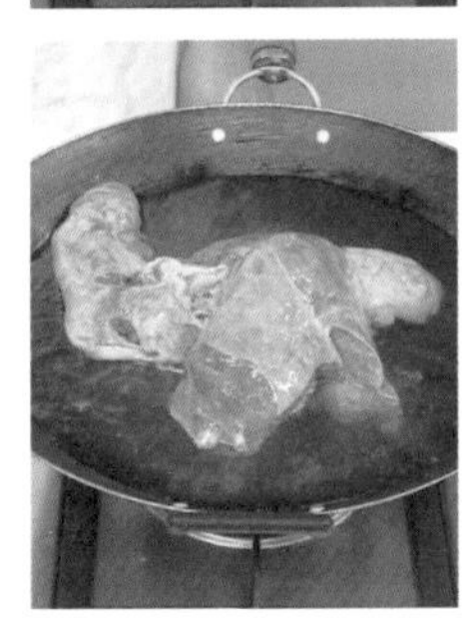

4 待肺管中的残留物煮出来，即可捞出。

5 用清水将血沫冲洗干净即可。

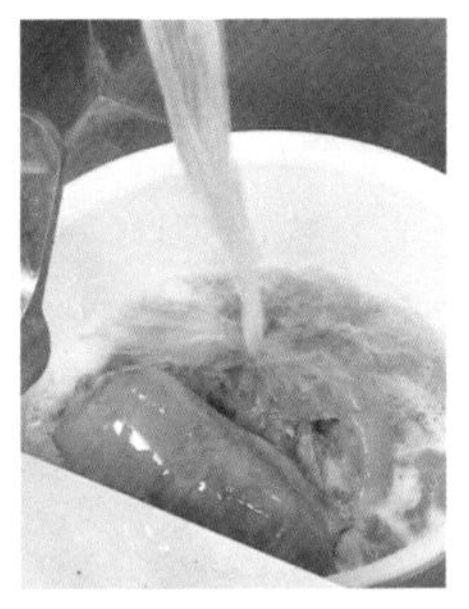

6 将猪肺放入另一热水锅中，煮至熟烂，捞出沥干即可。

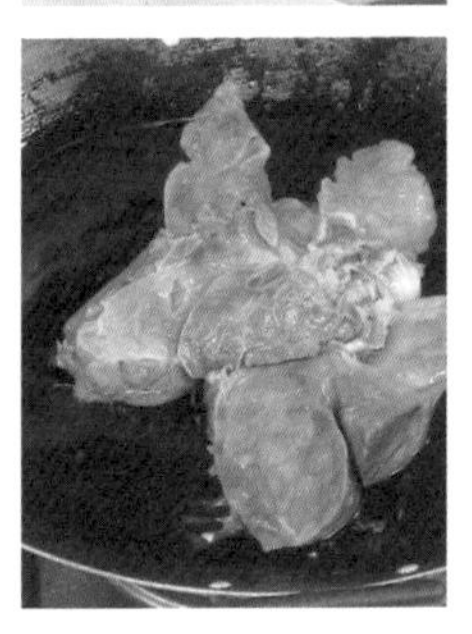

猪肺切片

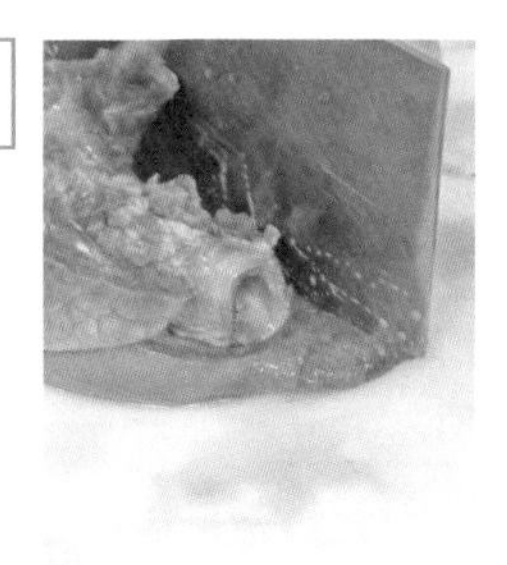

1 猪肺沿气管切成若干份。

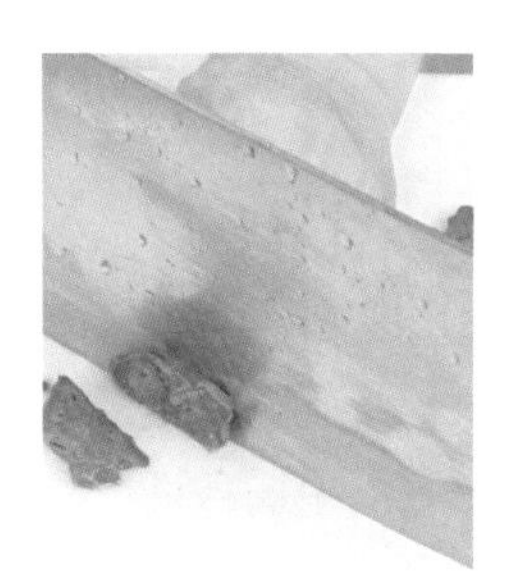

2 每份猪肺改刀切成片。

罗汉果杏仁猪肺汤

材料

猪肺120克

罗汉果1个

杏仁、姜片各适量

调料

食盐2克

做法

❶ 洗净的猪肺切成块；罗汉果掰开，取出里面的果仁；杏仁、姜片洗净。

❷ 锅中注入适量清水，放入猪肺块，焯水片刻，捞出。

❸ 另起锅，倒入清水，放入猪肺块，煮片刻，再加入罗汉果、杏仁、姜片，拌匀，续煮10分钟，加食盐调味即可。

小百科

猪肺即猪肺部肉，色红白，含有大量人体所必需的营养成分，适于炖、卤、拌，如卤五香肺、银杏炖肺。

猪腰

性味▶ 性平，味咸。

营养成分▶ 含有蛋白质、脂肪、糖类、钙、磷、铁、维生素等。

选购▶ 新鲜的猪腰呈浅红色，表面有一层薄膜，有光泽，柔润且有弹性。

保存▶ 在猪腰表面抹些食盐，放入冰箱冷藏室保存，有利于保鲜。

猪腰食盐清洗法

1 将猪腰用清水冲洗一遍。

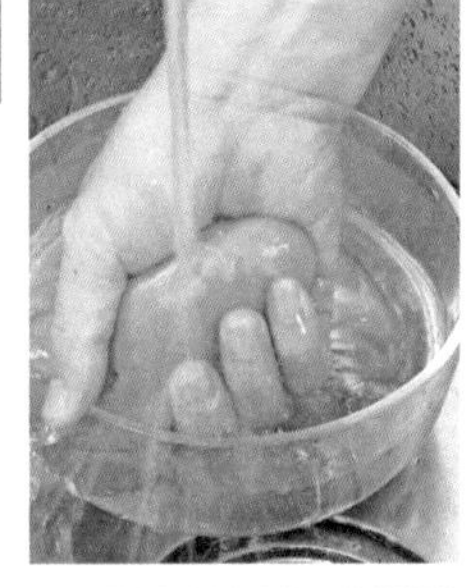

2 将猪腰放好，平刀从中间切一刀，一分为二。

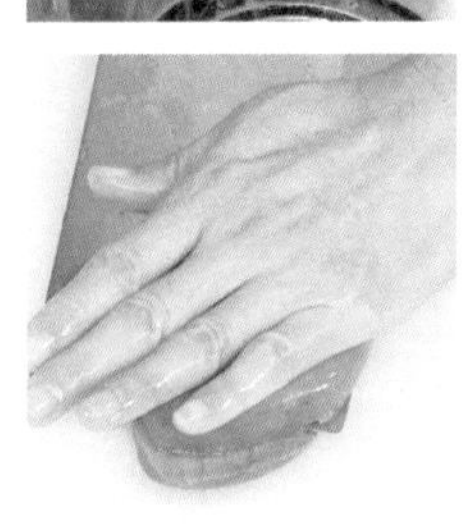

3 用刀切去猪腰里面的白色筋膜。

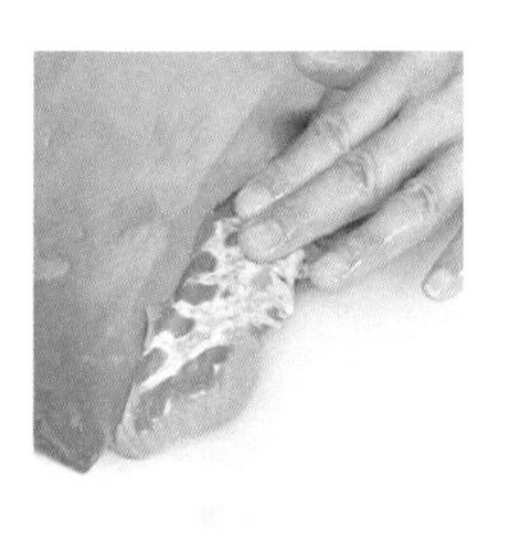

4 将猪腰浸泡在清水中，至少30分钟。

5 在清水中加入适量白醋。

6 用手揉搓清洗猪腰。

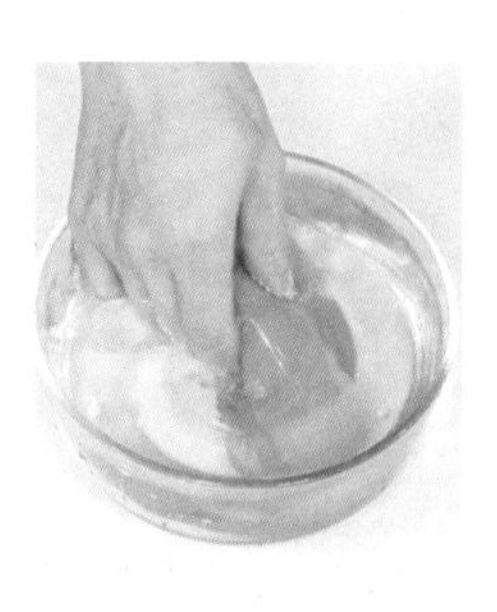

7 将碗中的水倒出，往猪腰上撒上适量食盐。

8 用手反复揉搓猪腰。

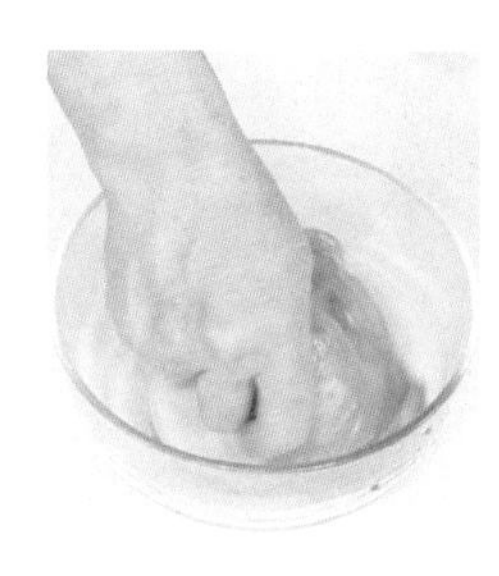

9 将猪腰用清水冲洗干净，沥干水分即可。

猪腰切条

1 取一块洗净的猪腰，从中间切开，切成两半。

2 将猪腰边缘上不平整的部分切掉，再切成均匀的条状即可。

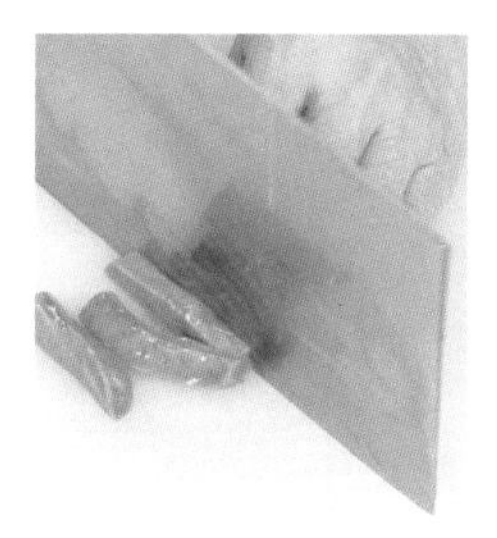

小百科

猪腰又称为猪肾，因器形如古代的银锭而得名“银锭盒”。猪腰具有补肾气、通膀胱的功效。

猪腰炒芹菜

材料

猪腰120克

芹菜100克

调料

料酒4毫升

食盐2克

食用油适量

做法

❶ 洗净的猪腰竖切花刀；洗净的芹菜切成段。

❷ 锅中注入适量清水，放入猪腰，焯水片刻，捞出。

❸ 另起锅，注入食用油，放入猪腰，加入料酒，炒匀，再加入芹菜段，炒熟，调入食盐，炒至入味，盛出装盘即可。

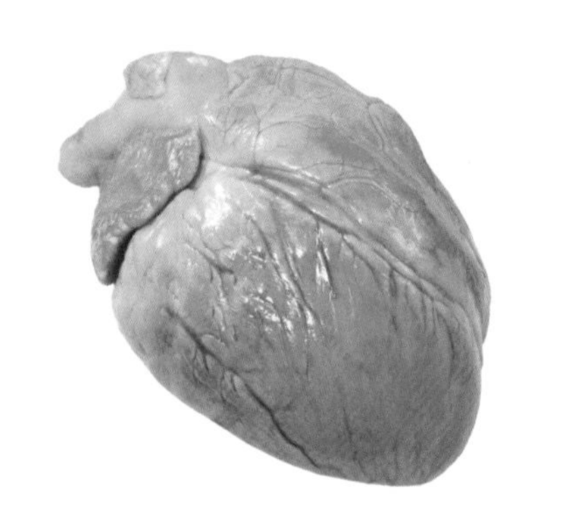

猪心

性味▶ 性平，味甘、咸。

营养成分▶ 含有蛋白质、脂肪、钙、磷、铁、维生素B_1、维生素B_2、维生素C等。

选购▶ 新鲜的猪心呈淡红色，脂肪呈乳白色或微红色。

保存▶ 猪心直接装入保鲜袋存放于冰箱保鲜室。

猪心面粉清洗法

1 把猪心切成若干等份。

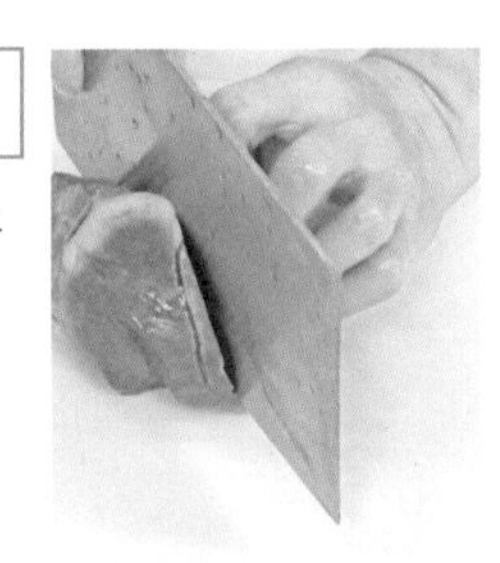

2 将猪心放入盆中，加水浸泡10分钟。

3 将猪心沥干水分，加入面粉。

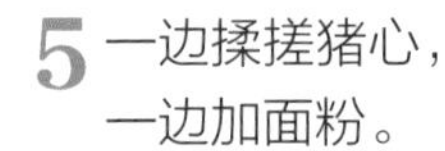

4 用手反复搓洗猪心。

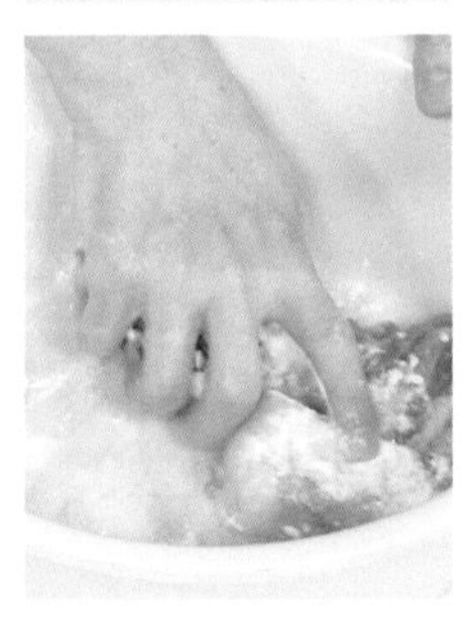

5 一边揉搓猪心，一边加面粉。

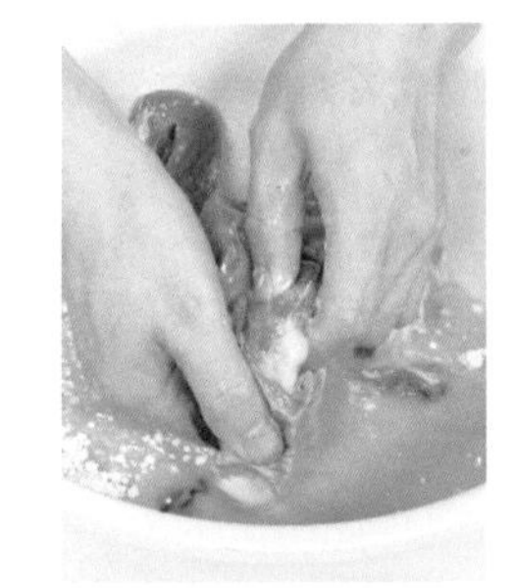

6 用清水将猪心漂洗干净，沥干即可。

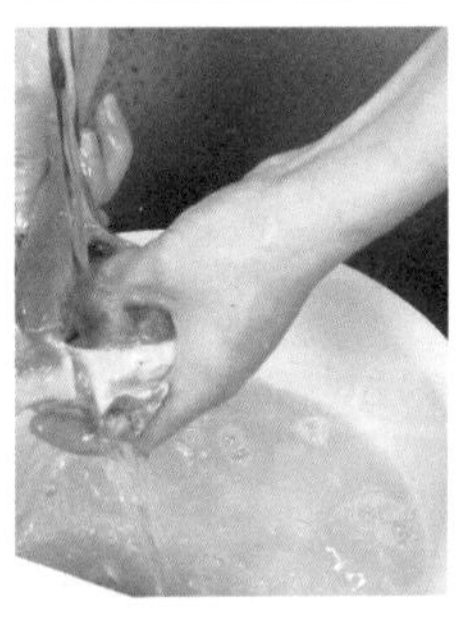

猪心切丁

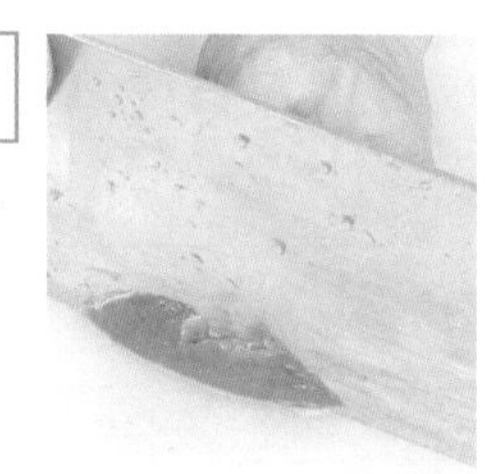

1 取一块洗净的猪心，沿着一端切成条。

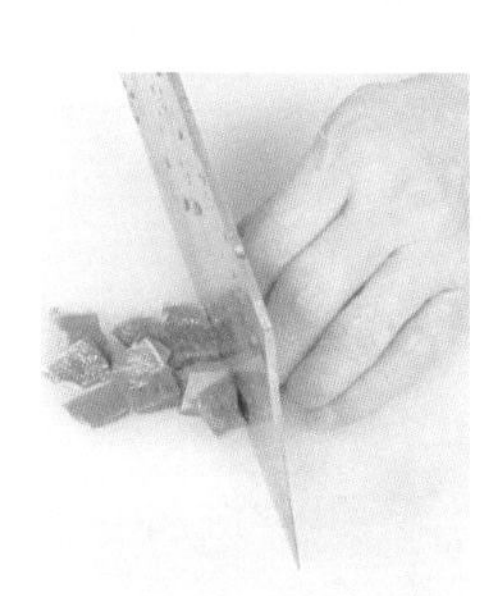

2 将切好的条摆在一起，切成同样大小的方丁状即可。

小百科

猪心为猪的心脏，是补益食品。许多心脏疾患与心肌活动力有着密切的关系，而食用猪心可以增强心肌营养，有利于功能性或神经性心脏疾病的痊愈。

包菜炒猪心

材料

猪心200克

包菜200克

彩椒50克

蒜片、姜片各适量

调料

食盐、食用油各少许

做法

❶ 彩椒洗净，切丝；包菜洗净，撕成小块；猪心洗净，切片，加入食盐腌渍10分钟。

❷ 锅中注水烧开，加食盐、食用油，放入包菜块，煮至七八成熟捞出；再把猪心片倒入沸水锅中汆至变色，捞出。

❸ 起油锅，爆香姜片、蒜片，倒入包菜块、猪心片、彩椒丝、食盐炒匀即可。

猪大肠

性味▶ 性寒，味甘。

营养成分▶ 含有蛋白质、脂肪、钙、镁、磷、硒等。

选购 ▶ 建议选购乳白色，稍软，有韧性、黏液，且无异味的猪大肠。

保存▶ 新鲜的猪大肠可以放入保鲜袋内，再置于冰箱冷冻室内保存。

猪大肠清洗法

1 将猪大肠放入盆中，加入适量的食盐。

2 将猪大肠翻过来，择去脏物，反复搓洗。

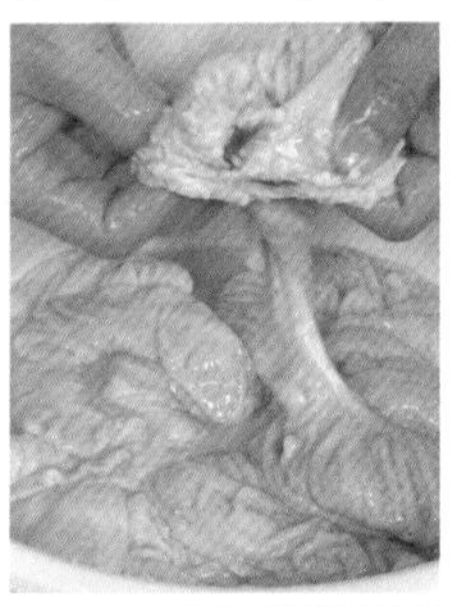

3 倒入适量的白醋。

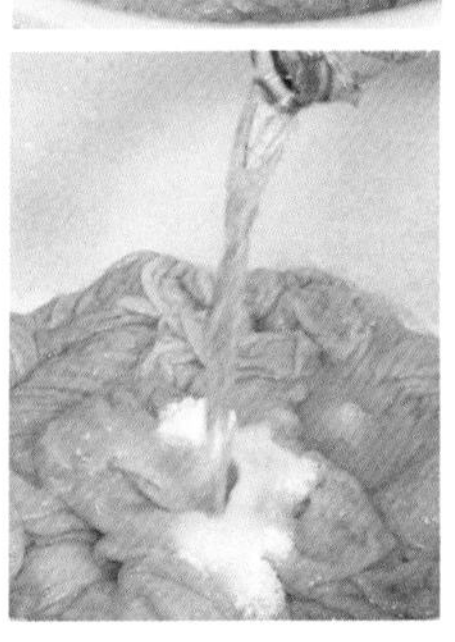

4 用双手搓洗掉表面的黏液及杂物。

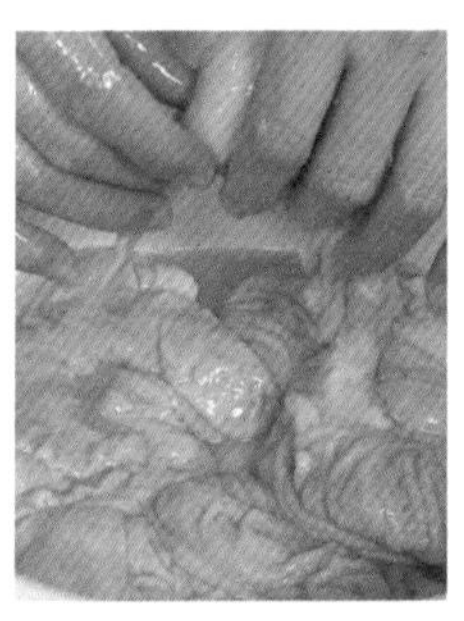

5 倒掉脏水，注入准备好的淘米水，搓洗几遍。

6 拿起猪大肠，在流水下冲洗一遍即可。

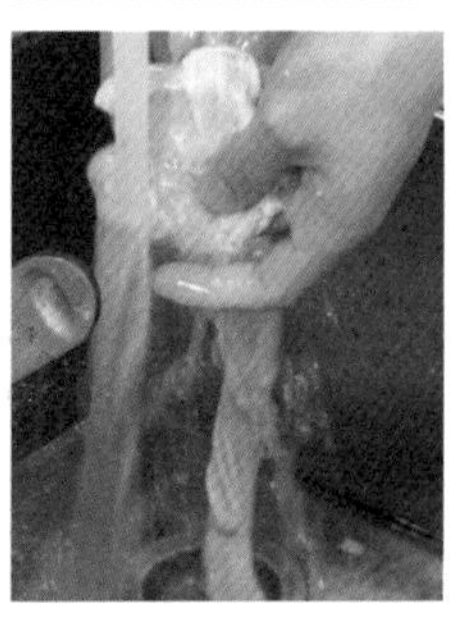

猪大肠切段

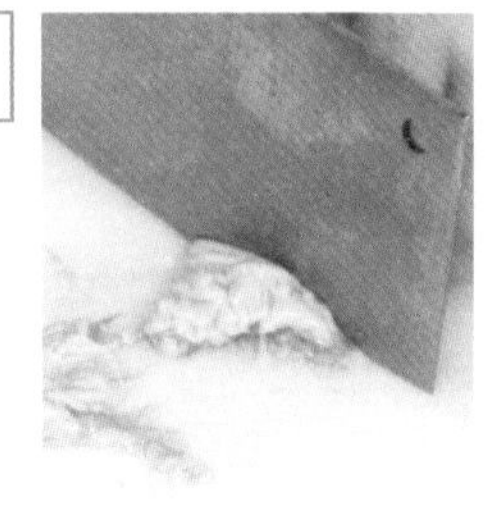

1 取一条洗净的猪大肠，从一端开始切成2厘米的段。

2 直到整条猪大肠全部切完。

猪大肠是用于输送和消化食物的器官，有很强的韧性，还有适量的脂肪，吃起来非常爽口。

酸萝卜肥肠煲

材料

猪大肠300克

酸萝卜500克

红椒1根

调料

生抽、老抽各5毫升

豆瓣酱1勺

做法

❶ 将洗净的猪大肠切成段；酸萝卜切成厚片；红椒切斜片，备用。

❷ 将酸萝卜、猪大肠、红椒一同放进砂锅中，注入适量清水。

❸ 倒入生抽、老抽、豆瓣酱，拌匀，盖上盖子，焖煮至食材熟透、入味即可。

牛肉

性味▶ 性温，味甘。

营养成分▶ 含蛋白质、糖类、钾、磷、钠、镁、钙、铁、脂肪等。

选购▶ 看肉皮有无红点，无红点是好肉；看脂肪，新鲜肉的脂肪洁白或呈淡黄色。

保存▶ 牛肉不经清洗，按每顿食用量分割成小块，装入保鲜袋，存入冰柜或冰箱冷冻室可保存两周以上。

牛肉淘米水清洗法

1 将牛肉放在盆里，加入清水。

2 倒入淘米水，浸泡15分钟，用手抓洗。

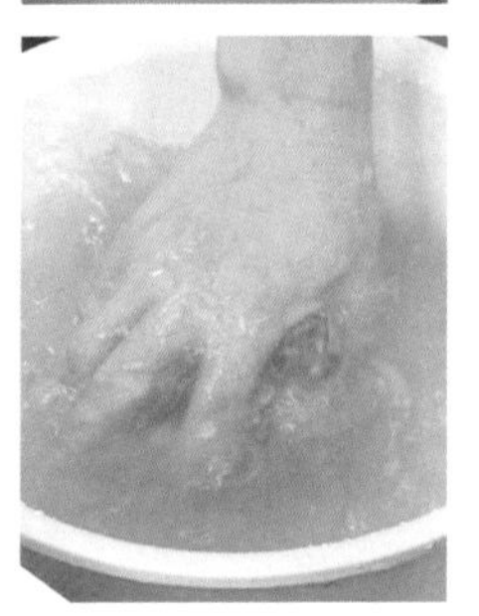

3 用清水清洗干净，沥干水分。

牛肉切丁

1 取一块洗净的牛肉，切成大块。

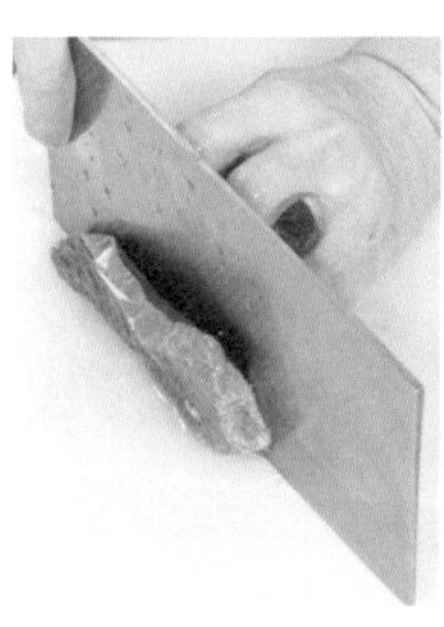

2 将大块牛肉切成条状。

3 将牛肉条堆放整齐，再切成牛肉丁。

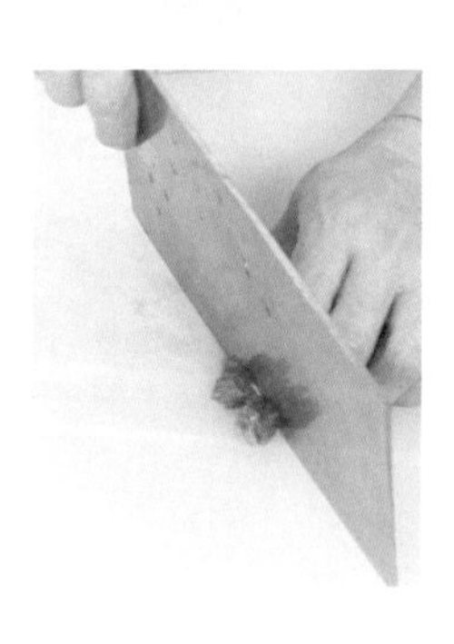

海带牛肉汤

小百科

牛肉是很多人都爱吃的食品，地位仅次于猪肉。牛肉蛋白质含量高，脂肪含量低，味道鲜美，受人喜爱，享有“肉中骄子”的美称。

材料

牛肉150克
水发海带丝100克
姜片、葱段各少许

调料

鸡粉2克
胡椒粉1克
生抽4毫升
料酒6毫升

做法

❶ 将洗净的牛肉切丁。
❷ 牛肉丁放入沸水锅中汆去血水，捞出，沥干水分。
❸ 高压锅中注水烧热，倒入牛肉丁、姜片、葱段、料酒，煮至食材熟透。
❹ 拧开盖子，倒入洗净的海带丝，加入生抽、鸡粉、胡椒粉，拌匀调味。盛出煮好的汤料，装入碗中即成。

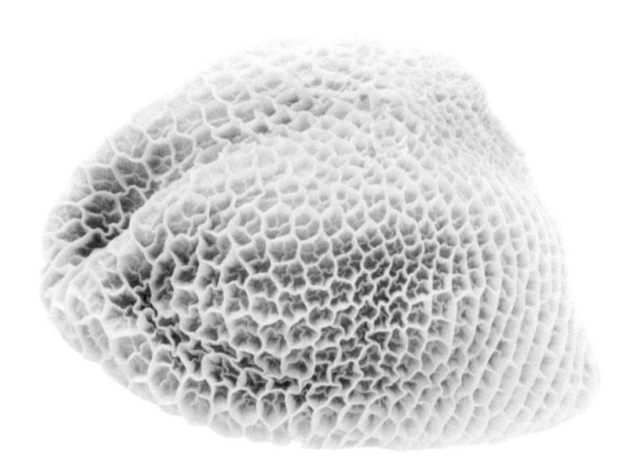

牛肚

性味▶ 性平，味甘。

营养成分▶ 含蛋白质、脂肪、钙、磷、铁、B族维生素等。

选购▶ 正常的牛肚均匀且并不太厚，黏液较多，有弹性，组织坚实，无硬块，无硬粒。

保存▶ 把牛肚放入保鲜盒内，加入适量清水，然后用保鲜纸包好（不密封），放冰箱冷冻室保存即可。

牛肚淘米水清洗法

1 将牛肚放进盆里，加入清水，再加入淘米水，搅匀。

2 将牛肚浸泡20分钟左右，然后再反复搓洗。

3 用清水把牛肚冲洗干净，沥干水分即可。

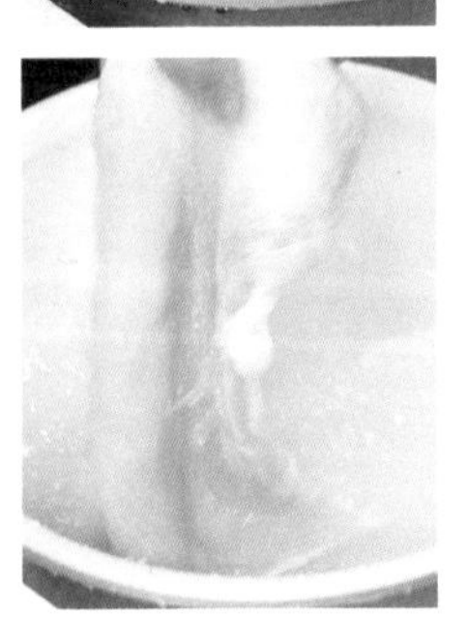

牛肚切片

1 取洗净的牛肚，从中间切一刀，一分为二。

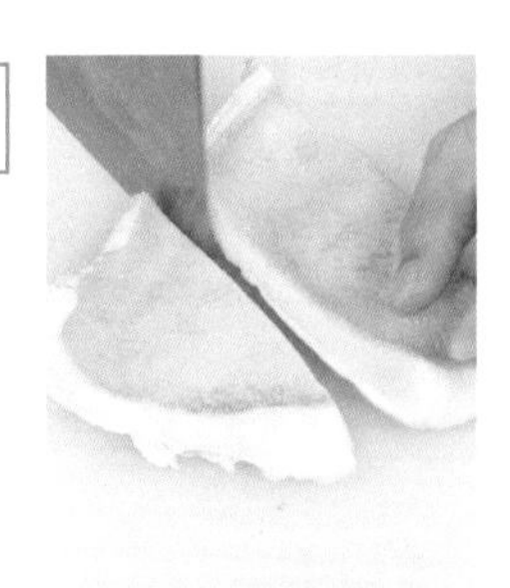

2 取牛肚其中的一块，依次斜刀切成片即可。

牛肚为牛科动物黄牛或水牛的胃，作为食物，常用来下火锅、炒食；同时又具有药用价值。

生姜炖牛肚

材料

牛肚150克
生姜15克
葱花少许

调料

料酒3毫升
食盐2克

做法

❶ 洗净的牛肚切成条；洗净的生姜去皮，切成片。
❷ 锅中注入清水烧开，放入牛肚条，焯片刻，捞出，沥干水分。
❸ 另起锅，倒入清水，加入牛肚条、生姜片，煮熟，放入料酒、食盐，拌匀，盛出装碗，撒上葱花即可。

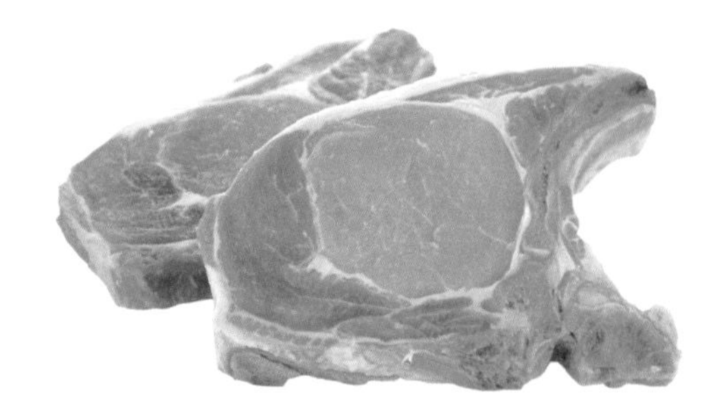

羊肉

性味▶ 性温，味甘，无毒。

营养成分▶ 含蛋白质、维生素A、钾、钠、磷、钙、锌、铁、硒等。

选购▶ 一般无添加的羊肉呈清爽的鲜红色，有质量问题的肉质呈深红色。

保存▶ 用塑料薄膜包裹起来，排除空气，在-15℃以下的环境密闭冷冻，这样，至少半年内可以保持新鲜。

羊肉白醋清洗法

1 羊肉放入装有水的碗中，倒入白醋。

2 用手压一下羊肉，让羊肉完全浸没白醋水中。

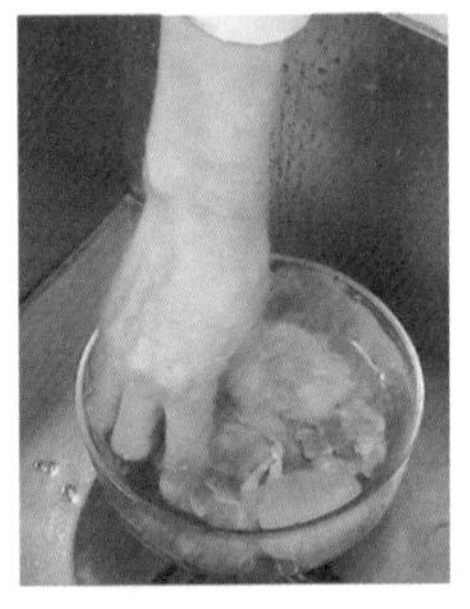

3 用清水冲洗羊肉。

4 捞出羊肉。

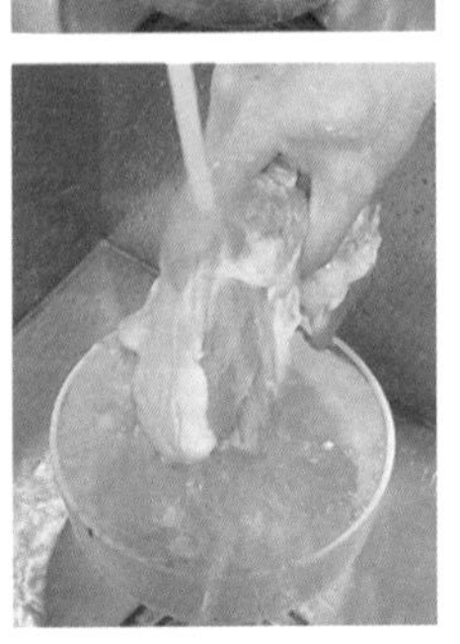

5 把羊肉放入热水锅中，焯片刻。

6 将羊肉捞出，再用凉水冲洗。

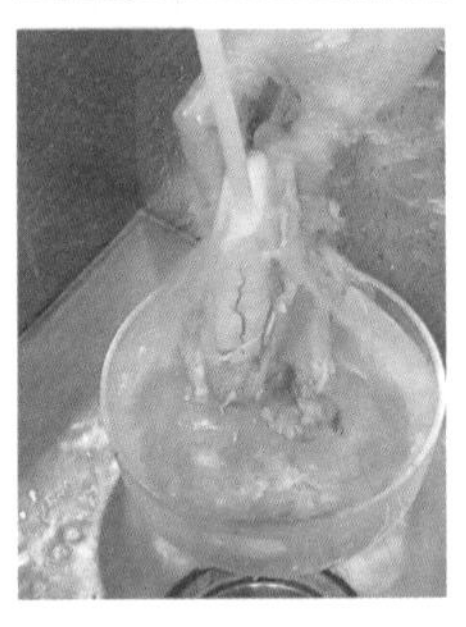

羊肉切片

1 把羊肉放在砧板上。

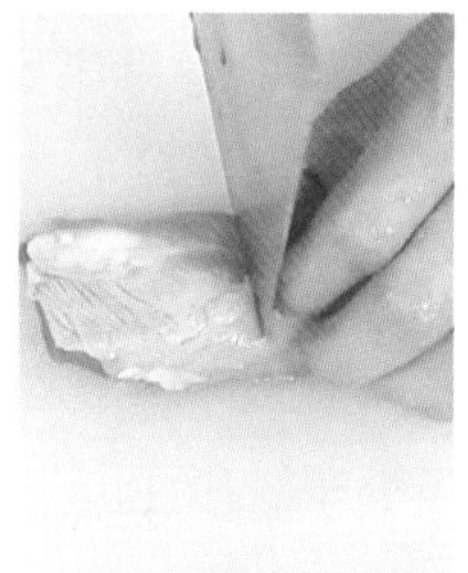

2 将羊肉切成片。

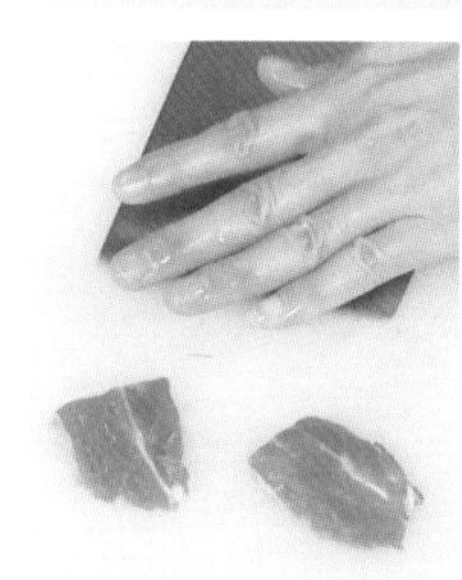

小百科

羊肉是全世界普遍食用的肉品之一。羊肉肉质与牛肉相似，但肉味较浓，温补效果很好，古来素有“冬吃羊肉赛人参，春夏秋食亦强身”之说。

羊肉山药汤

材料

羊肉块300克
山药200克
葱白、姜片各适量

调料

料酒、食盐各适量

做法

❶ 将洗净的羊肉块入沸水中汆烫去血水后，捞出，装碗；山药去皮，从中间纵向切成两半，再切长段，装碗备用。

❷ 将羊肉、山药段放入砂锅内，加入水、葱白、姜片、料酒，烧沸撇去浮沫后用小火烧至羊肉段酥烂。

❸ 加入食盐调味后倒入碗内即可。

羊排

性味▶ 性热，味甘。

营养成分▶ 含有维生素A、维生素E、硒、磷、锌、铁、镁、钙、钾、烟酸等。

选购▶ 羊排上的羊肉颜色明亮且呈红色，用手摸起来感觉肉质紧密，表面微干或略显湿润且不黏手，按压后凹印可迅速恢复，闻起来没有腥臭味者为佳。

保存▶ 新鲜的羊排如果需要短期保存，可直接放入冰箱冷藏室保存。

羊排汆烫清洗法

1 羊排骨切成段，用水冲洗干净。

2 在锅里放入凉水和羊排骨段，再放一节葱和一点儿姜，等水烧开，把血水沥去，再将羊排骨捞出。

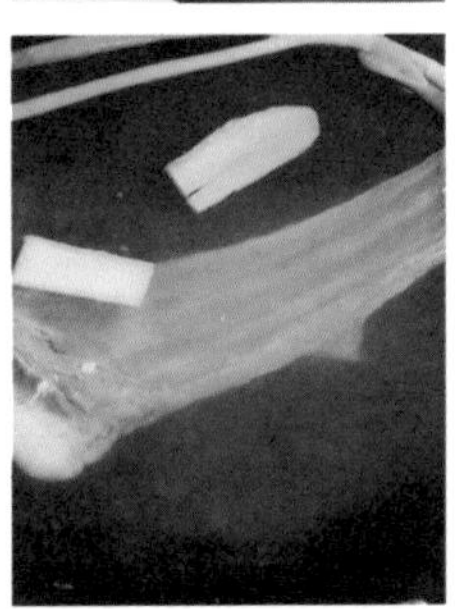

3 用凉水将羊排冲洗干净即可。

羊排斩块

1 将羊排放在砧板上，分切成段。

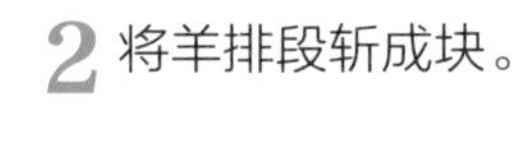

2 将羊排段斩成块。

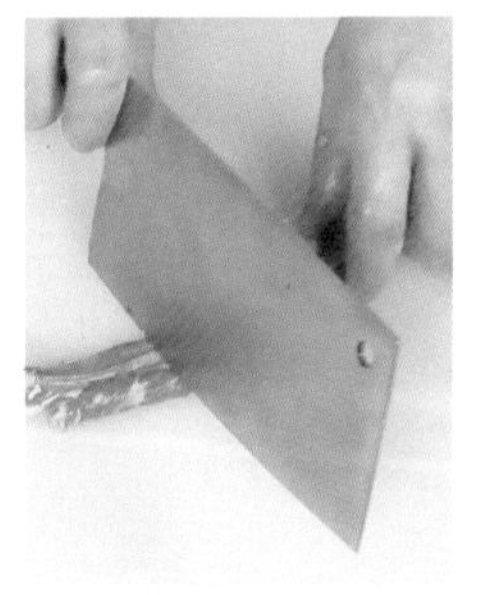

法式烤羊排

羊排不仅是西餐厅桌上的常客，也是西方家庭主妇们惯用的烹饪食材。

材料

羊排350克
西红柿1个
芝麻菜适量

调料

食盐、黑胡椒、蒜粉、洋葱粉各适量

做法

❶ 羊排洗净，用厨房纸巾擦干表面的水分。用小碗将食盐、黑胡椒、蒜粉、洋葱粉拌匀，再均匀地抹在羊排表面，腌制一夜。

❷ 把腌制好的羊排放入220℃的烤箱里烤30～40分钟。

❸ 用铝箔纸盖住羊排再烤10分钟。断电，让羊排在烤箱里用余热再烤10分钟。

❹ 芝麻菜洗净，切段，西红柿洗净，去蒂，切片，和羊排一起摆盘即可。

羊肚

性味▶ 性温，味甘。

营养成分▶ 含蛋白质、脂肪、B族维生素、钙、磷、铁等。

选购▶ 选购有弹性、组织坚实的羊肚。挑选羊肚时闻味道，有异味的不要选购。

保存▶ 将羊肚切块，用保鲜膜包裹好，放进冰箱的冷藏室，可保存2周左右。

羊肚清洗法

1 羊肚一般由四个部分组成，需要在每个胃囊上开一小口，将其翻过来。

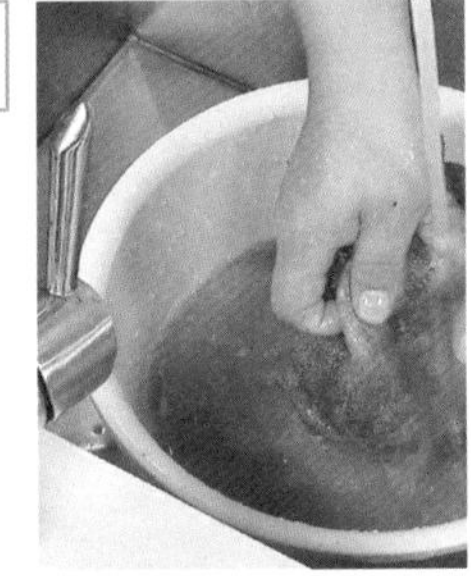

2 用水冲洗羊肚。

3 在装有羊肚的盆中倒入醋。

4 用手反复搓洗羊肚。

5 用清水彻底清除羊肚内容物。

6 将整个羊肚洗净即可。

小百科

羊肚为牛科动物山羊或绵羊的胃，是羊内脏中的佳品，具有丰富的营养。与冬笋一起爆炒，便成了享誉大江南北的闽菜，脆而不硬，酸甜可口。

羊肚切丝

1 将羊肚放砧板上。

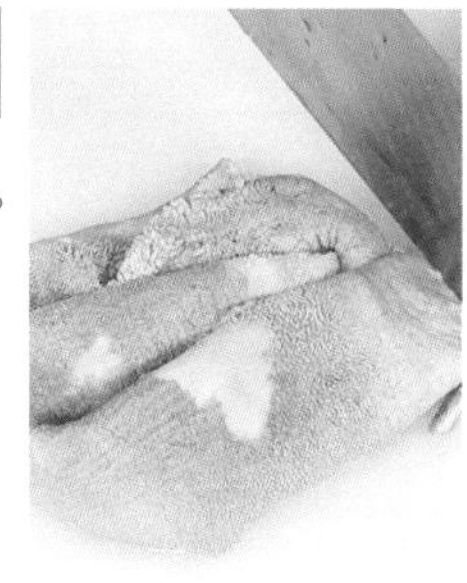

2 将羊肚对半切开。

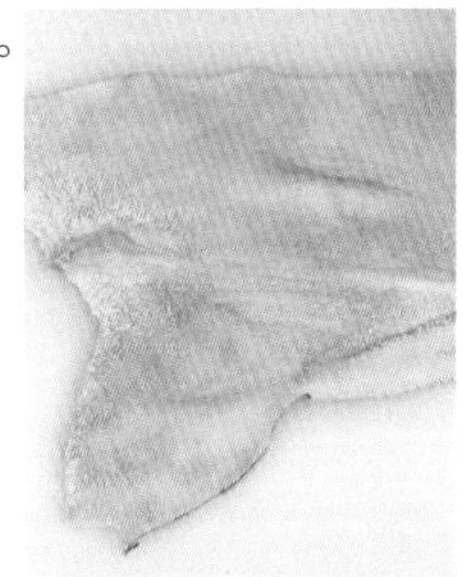

3 将羊肚分成小块。

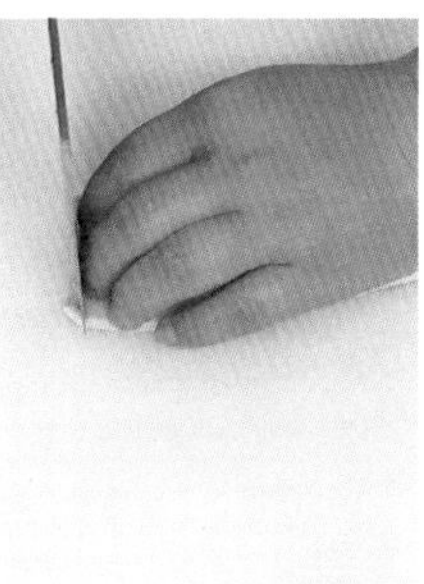

4 将羊肚切成丝。

香辣羊肚

材料

羊肚150克
青椒条、红椒条各30克
洋葱块20克
葱白段10克
香菜叶少许

调料

老抽4毫升
食盐2克
食用油适量

做法

❶ 洗净的羊肚切成条。

❷ 锅中注入食用油烧热，放入羊肚条，炒匀，加入青椒条、红椒条、洋葱块、葱白段，炒熟。

❸ 倒入老抽、食盐，炒至入味，撒上香菜叶，盛出装碗即可。

鸡肉

性味▶ 性微温，味甘。

营养成分▶ 含蛋白质、维生素A、维生素C、脂肪、钾、磷、钠、镁等。

选购▶ 新鲜质优的鸡，形体健硕，腿的肌肉摸上去结实，有凸起的胸肉。

保存▶ 把处理好的鸡肉擦干，用保鲜膜包裹后放入冰箱冷冻室内，一般可保鲜半年之久。

鸡肉汆烫清洗法

1 将宰杀好的鸡放在流水下轻轻冲洗。

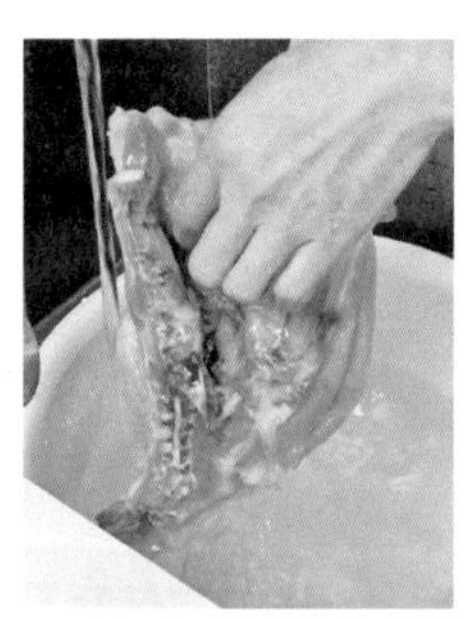

2 把鸡油和脂肪切除。

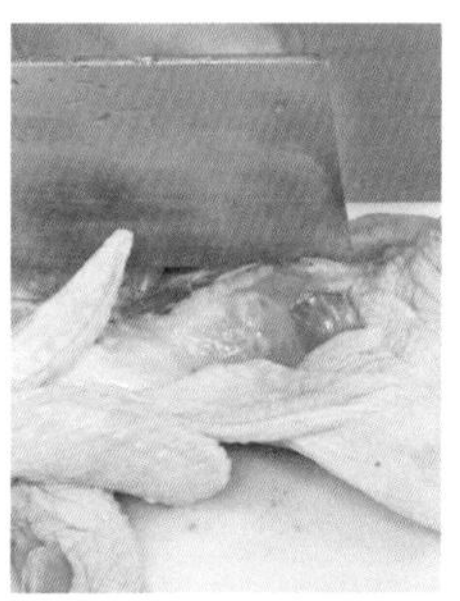

3 将鸡切成小块，放入热水锅中汆烫，捞起后沥水即可。

鸡腿肉脱骨

1 取洗净的鸡腿一个，从鸡腿中间部位切开一刀。

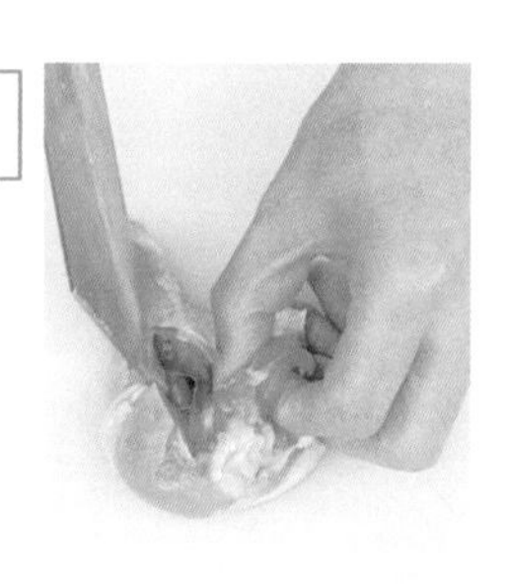

2 将鸡腿上端的肉切开，剥开鸡腿肉，露出骨头。

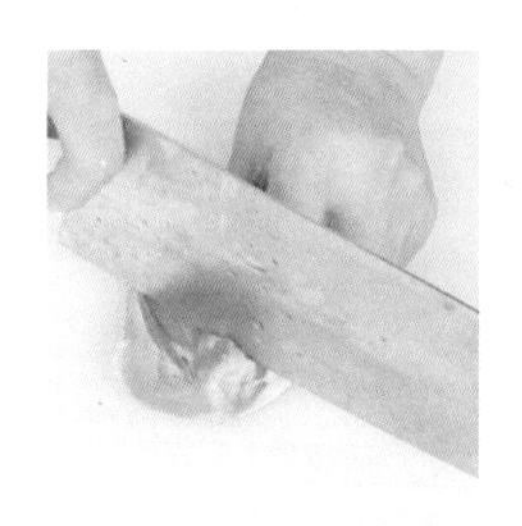

3 用刀背把鸡腿下部的骨头切断。

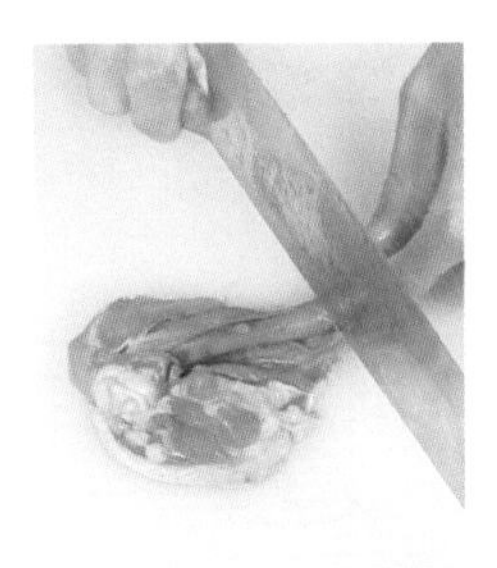

4 使骨头与肉分开。

5 将鸡腿骨取出来，再用刀把鸡腿下部的骨头切除即可。

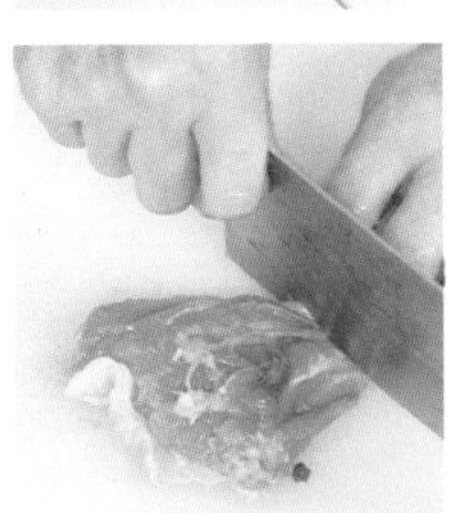

小百科

在我国，鸡肉是比较常见的肉类。鸡肉的肉质细嫩、滋味鲜美，适合多种烹调方法。

黄豆焖鸡肉

材料

鸡肉300克

水发黄豆150克

葱段、姜片、蒜末各少许

调料

食盐、鸡粉各4克

生抽、料酒各5毫升

水淀粉、食用油各适量

做法

❶ 洗净的鸡肉斩成小块，装碗，加入生抽、料酒、食盐、鸡粉、水淀粉、食用油，拌匀，腌渍15分钟。

❷ 将鸡块炸成金黄色，捞出，沥干油。

❸ 锅中留油，倒入葱段、姜片、蒜末爆香，放入鸡块、生抽、料酒、黄豆、食盐、鸡粉，炒匀，煮至熟软，收汁，盛出即可。

鸡爪

性味▶ 性温，味甘。

营养成分▶ 含蛋白质、维生素A、钠、钾、磷、钙、硒等。

选购▶ 选购鸡爪时，要求鸡爪的肉皮色泽白亮并且富有光泽。

保存▶ 鸡爪最好趁新鲜制作成菜，一般放冰箱内可保鲜两天不变质。

鸡爪碱粉清洗法

1 鸡爪表面较脏，撒上碱粉。

2 用手搓洗鸡爪。

3 把鸡爪表面残留的黄色小茧块去掉。

4 用清水洗净鸡爪。

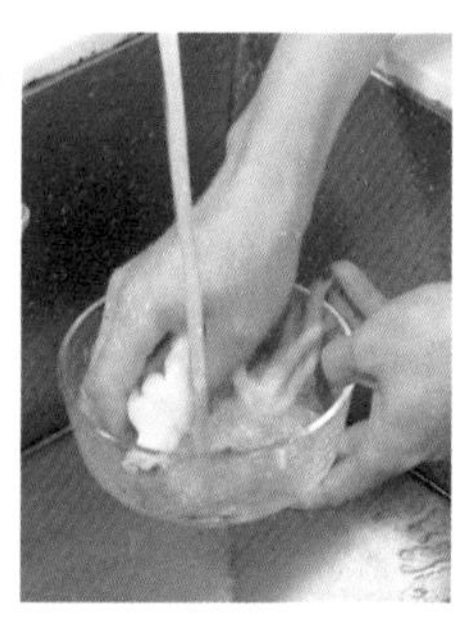

5 将鸡爪放入开水锅内，煮开约3分钟后取出。

6 用清水将鸡爪洗净，捞出凉凉即可。

鸡爪整只分割

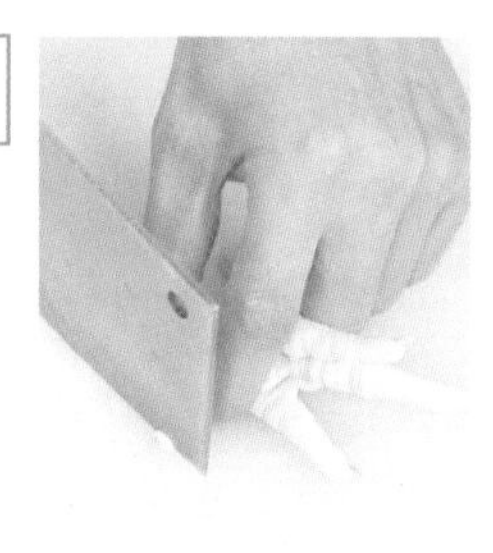

1 取一个洗净的鸡爪，切去趾尖。

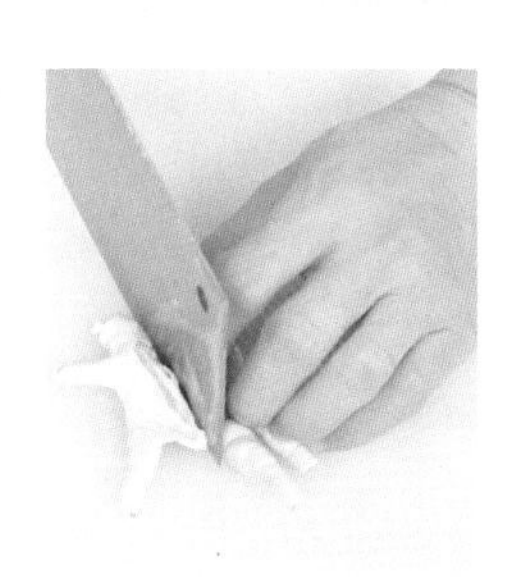

2 从鸡爪中间切一刀，一分为二。

芡实苹果鸡爪汤

材料

鸡爪6只　花生米15克

苹果1个　蜜枣1颗

芡实50克　胡萝卜丁100克

调料

食盐3克

做法

❶ 锅中注水烧开，倒入洗净的鸡爪，焯煮约1 分钟，捞出放入凉水中。

❷ 砂锅中注入适量清水，倒入泡好的芡实、过完凉水的鸡爪。

❸ 放入胡萝卜丁、蜜枣、花生米，煮至食材熟软，再倒入切好的苹果，续煮至食材入味，加入食盐拌匀即可。

小百科

鸡爪，顾名思义，是鸡的脚爪，可供食用。在南方，鸡爪可是一道上档次的名菜，烹饪方法较多。

鸡翅

性味 ▶ 性温，味甘。

营养成分 ▶ 含蛋白质、糖类、维生素A、磷、钾、钠、硒等。

选购 ▶ 新鲜鸡翅的外皮色泽白亮或呈米色，并且富有光泽，无残毛及毛根，肉质富有弹性，并有一种特殊的鸡肉鲜味。

保存 ▶ 可把剩下的生鸡翅加工成熟，用保鲜膜包裹好，再放进冰箱冷冻区进行保存，可长期保存。

鸡翅汆烫清洗法

1 将鸡翅用流水冲洗一遍。

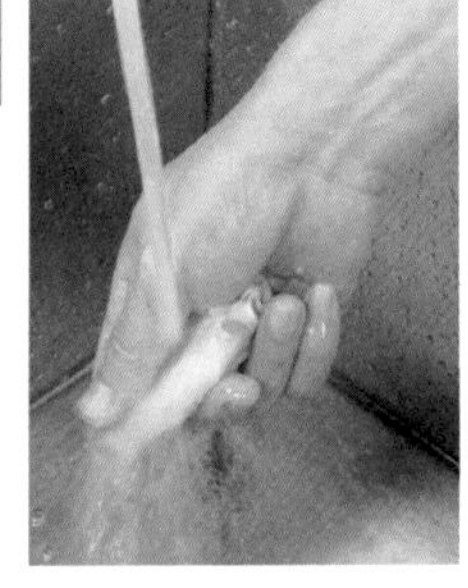

2 洗净的鸡翅在沸水中汆烫一下。

3 除去血沫后捞出，再用清水冲洗干净即可。

鸡翅脱骨

1 取一只洗净的鸡翅，从中间顺着鸡骨切一刀。

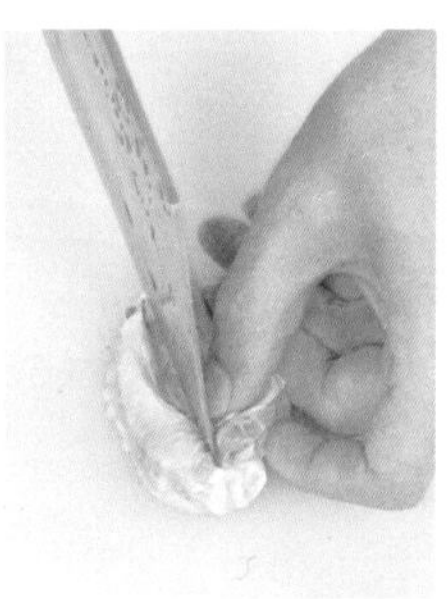

2 将鸡筋切断。

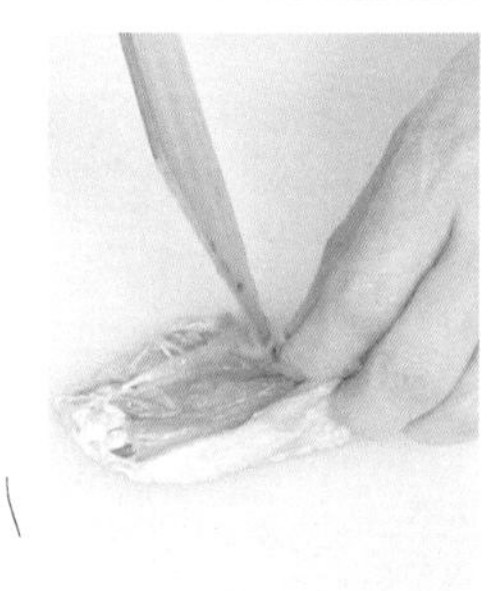

3 将鸡肉扒开，露出鸡骨。

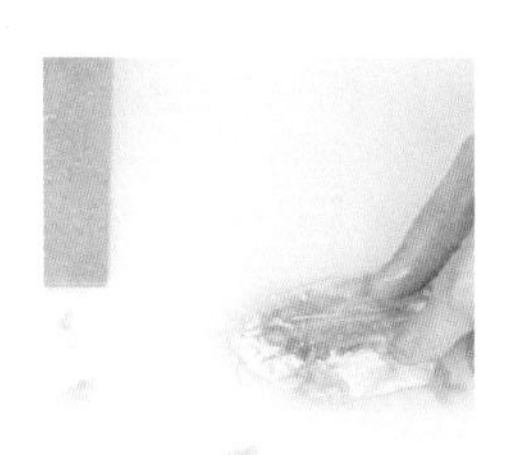

4 在鸡翅约1/3处用刀背切一刀，使鸡骨与鸡翅肉分离。

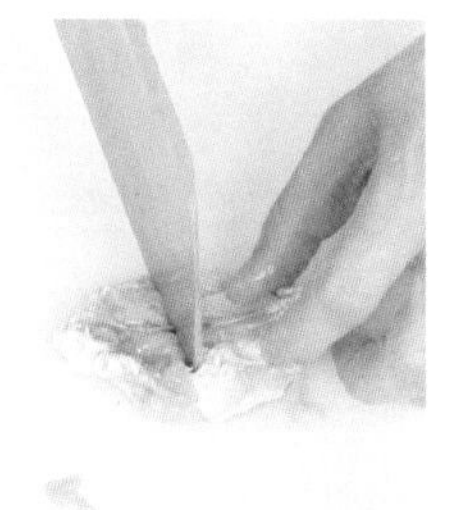

5 将鸡骨与鸡翅肉切断即可。

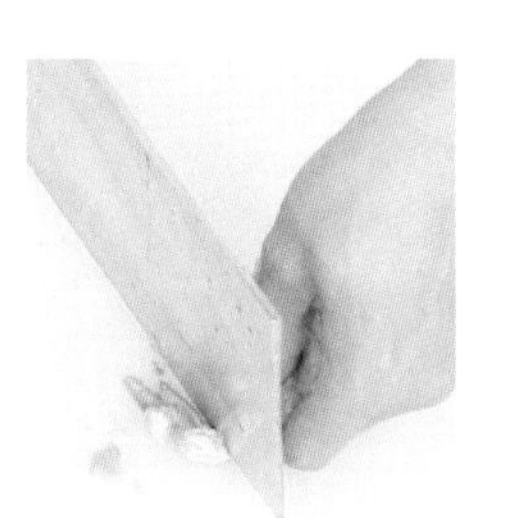

葱香鸡翅

材料

鸡翅6个（只取鸡中翅与鸡翅尖两部分）、生菜、苋菜各1棵，白芝麻、葱花、红椒圈、葱白段、姜末、蒜末各少许

调料

橄榄油、酱油、食盐各适量

做法

❶ 鸡翅洗净，取适量食盐涂上，再铺上姜末腌半天，备用。

❷ 生菜洗净去蒂，一片一片掰开；苋菜洗净去蒂，一片一片掰开，装盘中，备用。

❸ 锅中注水，烧开后转中小火，往锅中加入食盐、腌渍好的鸡翅及姜末煮3分钟，熄火，捞出后放入冰水里泡1分钟；再次将鸡翅放入刚才的热水中续煮3分钟，捞出后放入冰水里泡1分钟；最后将鸡翅放入热水中煮至熟，捞出，沥干水分，装入放有青菜的盘中。

❹ 平底锅注橄榄油烧热，放入葱白段、蒜末、红椒圈，爆香；加入适量酱油和少许之前熬煮鸡翅的汤汁，煮沸后淋到鸡翅上，撒上葱花、白芝麻即可。

鸭肉

性味▶ 性凉，味甘、咸。

营养成分▶ 含蛋白质、脂肪、B族维生素、维生素A、钾、磷、钠、铁等。

选购▶ 鸭肉的体表光滑，呈乳白色，切开鸭肉后切面呈玫瑰色。

保存▶ 鸭肉处理干净后，用袋子装好，放入冰箱冷冻室，可保存3～4天。

鸭肉清洗法

1 将鸭子放入装有水的盆中，用手撕去表皮的细毛。

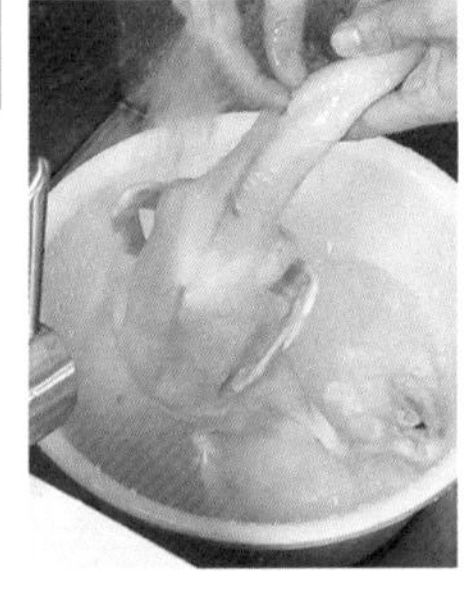

2 切去鸭脚。

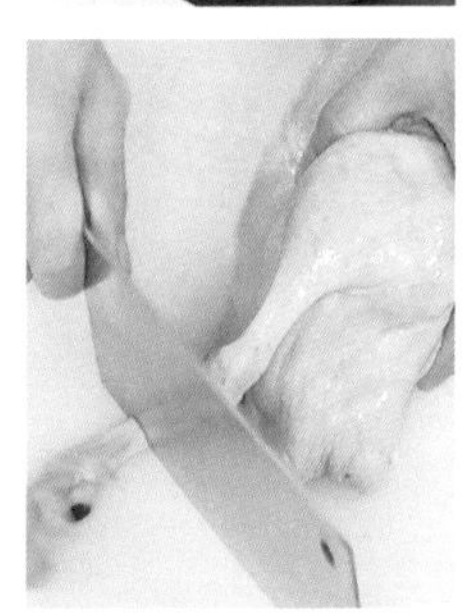

3 将鸭子对半切开，去除内脏。

4 将鸭子用清水冲洗干净。

鸭肉切块

1 将鸭肉放在砧板上。

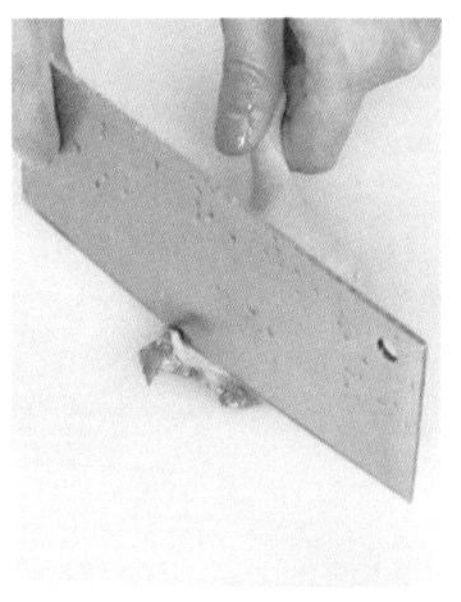

2 将鸭肉切成块。

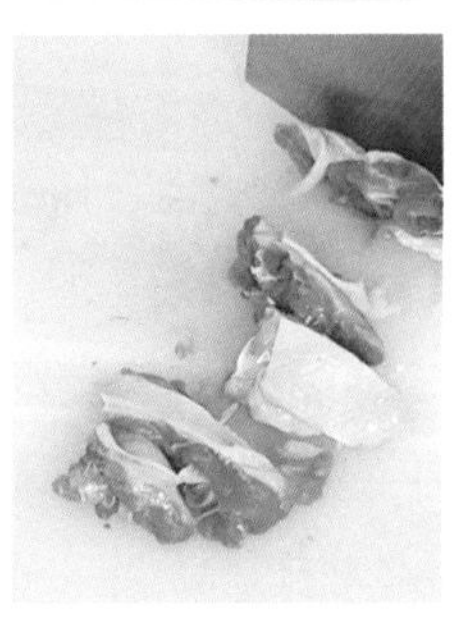

香煎鸭腿

材料

鸭腿200克　花生米40克
红豆30克　薏米35克
绿豆20克　芝麻15克

调料

食盐3克
橄榄油适量

做法

❶ 将薏米、花生米洗净后用温水浸泡40分钟以上；红豆、绿豆要提前浸泡6个小时以上，加入清水煮10分钟后熄火等其冷却。把冷却好的豆子、豆汤和薏米、花生米杂粮一起加入电饭蒸锅内像蒸大米一样蒸熟，打开盖子稍微冷却，然后捣碎拌匀团成团子，装碗。

❷ 锅中注入橄榄油烧热，放入鸭腿，煎至熟软，放上食盐，盛出，装碗，撒上芝麻即可。

鹅肉

性味▶ 性平，味甘。

营养成分▶ 含维生素A、B族维生素、钾、磷、钠、镁、脂肪、亚麻酸等。

选购▶ 新鲜的鹅肉外表应有光泽，颜色应是红润而均匀的，其脂肪为白色。

保存▶ 脂肪切除，新鲜肉内涂上食盐，进行腌制，再将腌过的肉挂在阴凉通风处保存。

鹅肉啤酒清洗法

1 将宰杀好的鹅放在砧板上。

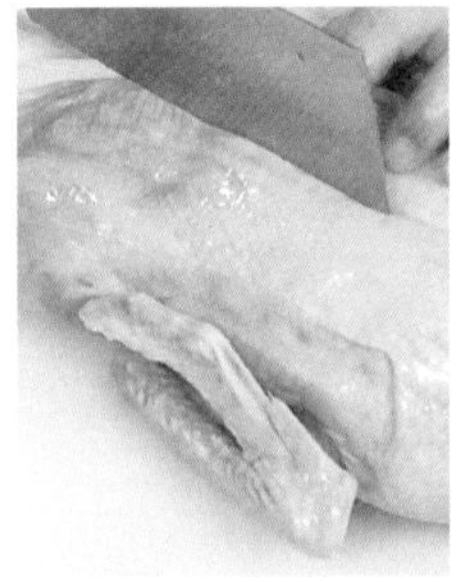

2 将鹅对半切开，去除内脏。

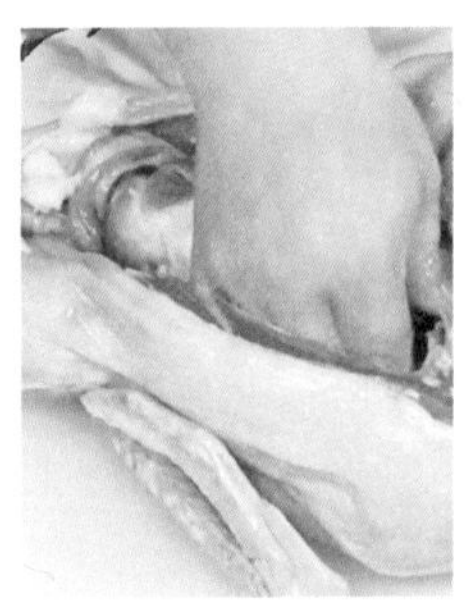

3 用清水将鹅冲洗干净。

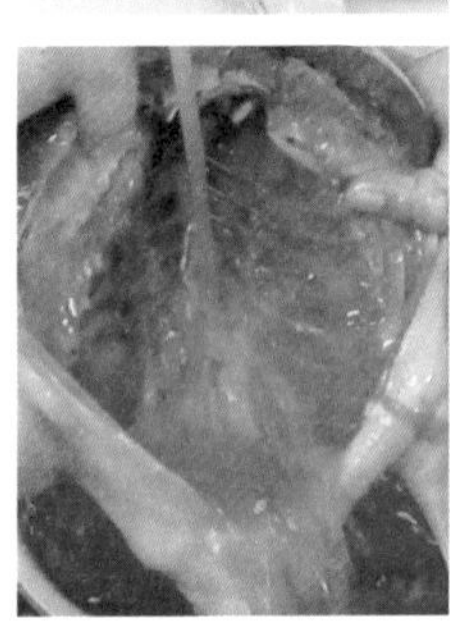

4 将鹅肉放入盆中，倒入啤酒，浸泡1个小时，再用水将鹅肉洗干净即可。

鹅肉切片

1 将鹅肉放在砧板上。

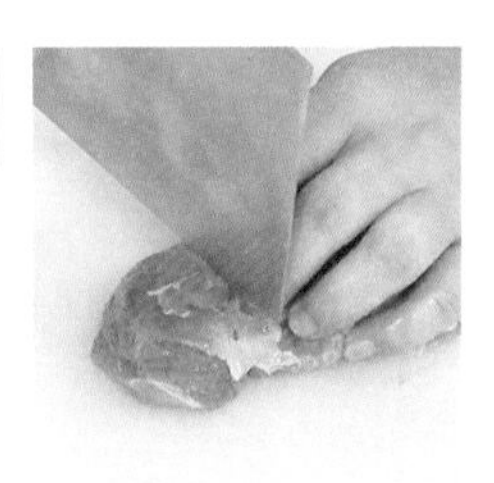

2 将鹅肉切成片。

鹅又称雁鹅，鹅肉的营养价值比其他肉高，属绿色健康食品，符合大众的需要。

白斩鹅肉

材料

鹅胸肉70克

葱段、

蒜末各20克

姜丝少许

调料

食盐1克

米酒、

酱油各少许

做法

❶ 鹅胸肉洗净后放入碗中，双面抹上食盐及米酒备用。

❷ 取一容器，放入鹅胸肉，将姜丝、葱段、蒜末覆盖在上方。

❸ 将容器放入蒸锅中，盖上锅盖，蒸20分钟。

❹ 将鹅胸肉取出，切成块，放入盘中摆好，搭配姜丝，蘸酱油食用即可。

鸡蛋

性味▶ 性平、味甘。

营养成分▶ 含蛋白质、维生素A、维生素B_2、维生素B_6、维生素D、维生素E、铁、磷、卵磷脂等。

选购▶ 良质鲜蛋，蛋壳清洁、完整、无光泽，壳上有一层白霜，色泽鲜明。

保存▶ 鸡蛋大概可在20℃左右的通风环境下保存一周。

小百科

鸡蛋是母鸡所产的卵，含有大量的维生素、矿物质及有高生物价值的蛋白质，是人类最好的营养来源之一。对人类而言，鸡蛋的蛋白质品质最佳，仅次于母乳。

银鱼炒蛋

材料

鸡蛋2个

水发银鱼50克

葱花少许

调料

食盐、白糖、食用油各适量

做法

❶ 把鸡蛋打入碗中，加少许白糖、食盐，搅散；放入洗净的银鱼，顺时针方向拌匀。

❷ 热锅注食用油，烧至四成热，倒入蛋液，摊匀，铺开，转中小火，炒至熟。

❸ 放入葱花，拌炒匀，出锅盛入盘中即成。

鸭蛋

性味▶ 性凉，味甘、咸。

营养成分▶ 含蛋白质、脂肪、糖类、维生素A、维生素B_1、磷、铁、镁、钾、钠、氯等。

选购▶ 新鲜鸭蛋的蛋壳比较粗糙，壳上附有一层如霜状的细小粉末，色泽鲜洁，没有裂纹。

保存▶ 鸭蛋放在干燥通风处大概可以存放一周。

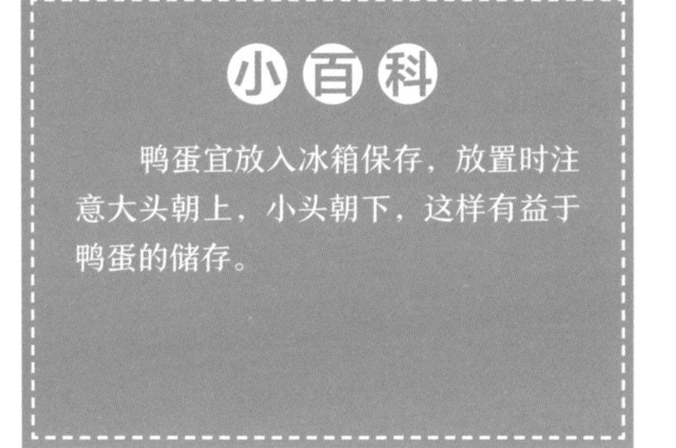

小百科

鸭蛋宜放入冰箱保存，放置时注意大头朝上，小头朝下，这样有益于鸭蛋的储存。

嫩姜炒鸭蛋

材料

嫩姜90克

鸭蛋2个

葱花少许

调料

食盐、鸡粉各2克

水淀粉4毫升

食用油少许

做法

❶ 洗净的嫩姜切成细丝，装碗，加入食盐，抓匀，腌渍10分钟，再放入清水中，洗去多余食盐。

❷ 鸭蛋打入碗中，放入葱花、鸡粉、食盐、水淀粉，用筷子打散搅匀。

❸ 炒锅注食用油烧热，倒入姜丝，炒至变软，倒入搅拌好的鸭蛋液，翻炒至熟透，盛出装盘即可。

鹌鹑蛋

性味▶ 性平，味甘。

营养成分▶ 含蛋白质、维生素A、维生素B_1、维生素B_2、铁、钙、卵磷脂、胱氨酸等。

选购▶ 新鲜的鹌鹑蛋外壳为灰白色，并夹杂有红褐色和紫褐色的斑纹，色泽鲜艳，壳硬，蛋黄呈深黄色，蛋白黏稠。

保存▶ 生鹌鹑蛋常温下可以存放45天，熟鹌鹑蛋常温下可存放3天。

小百科

鹌鹑蛋是鹌鹑的卵，营养丰富，味道好，药用价值高。鹌鹑蛋虽然体积小，但它的营养价值与鸡蛋一样高，是天然补品，故有“卵中佳品”之称。

鹌鹑蛋烧腐竹

材料

熟鹌鹑蛋（去壳）250克
水发腐竹100克
火腿30克
青椒、红椒各30克

调料

食盐3克
蚝油、老抽
食用油各适量

做法

❶ 火腿、红椒、青椒切成菱形片，备用；水发腐竹洗净切段，备用；锅中注入食用油烧热，放入熟鹌鹑蛋，略煎至表皮呈金黄色。

❷ 锅底留油，放入腐竹、火腿，翻炒片刻；放入鹌鹑蛋、青椒片、红椒片，炒至熟，再下入调料炒至入味即可。

鹅蛋

性味▶ 性温，味甘。

营养成分▶ 含蛋白质、脂肪、矿物质和维生素等。

选购▶ 用手电照鹅蛋外壳，里面蛋黄、蛋清分离较清楚，没有血丝状物体；打开后蛋黄饱满呈黄色，手指轻压蛋黄不会破裂。

保存▶ 在容器中添加填充物，如谷糠、锯末、谷物、豆类、植物灰等，进行鹅蛋贮藏。

小百科

鹅蛋呈椭圆形，体形比鸡蛋、鸭蛋要大很多，味道有些油，新鲜的鹅蛋必须烹饪后食用。

香菇肉末蒸鹅蛋

材料

香菇45克
鹅蛋2个
肉末200克
葱花少许

调料

食盐3克
生抽、食用油各适量

做法

❶ 洗好的香菇切成粒；取碗，打入鹅蛋，加入适量温水、少许食盐，拌匀。

❷ 用食用油起锅，放入肉末，炒至变色；加入香菇粒，炒香；下食盐及生抽调味。

❸ 将鹅蛋液放入烧开的蒸锅中，用小火蒸约10分钟至蛋液凝固。

❹ 把香菇粒、肉末放在蛋羹上，小火蒸2分钟至熟，取出后撒上葱花即可。

Part 3

水产篇

河鲜、海鲜统称水产。自古以来，人类就通过捕食水产品来作为食物的补充，

如今，水产已成为人们日常饮食中不可缺少的一部分。

草鱼

性味▶ 性温，味甘。

营养成分▶ 含蛋白质、脂肪、钙、磷、硒、铁、维生素A、维生素C等。

选购▶ 买活鱼时，建议看看鱼在水内的游动情况，新鲜的鱼一般都游在水的下层，游动状态正常，没有身斜现象。

保存▶ 刮除鱼鳞，去除鱼鳃、内脏，清洗干净，然后按照烹饪需要，分割成鱼头、鱼身和鱼尾等部分，用厨房纸抹干表面水分，分别装入保鲜袋，放入冰箱冷冻保存，可保持2周内不变质。

草鱼开背清洗法

1 从草鱼的尾部开始刮鱼鳞，一直刮到鱼的头部。

2 用刀从草鱼的背部将其剖开，清理内脏。

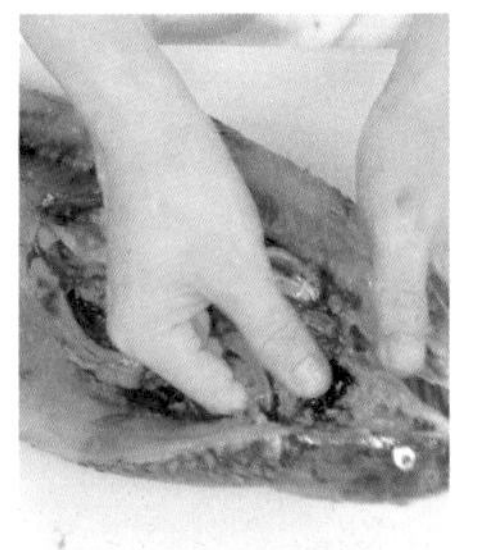

3 将草鱼的内脏完全清除，刮去草鱼腹内的黑膜，用清水洗净。

草鱼切大翻刀纹

1 取一条洗净的草鱼，用刀从中间剖开。

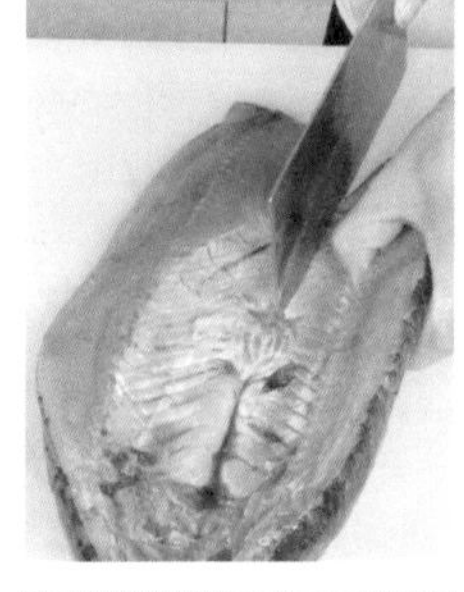

2 将草鱼一分为二，切掉鱼头。

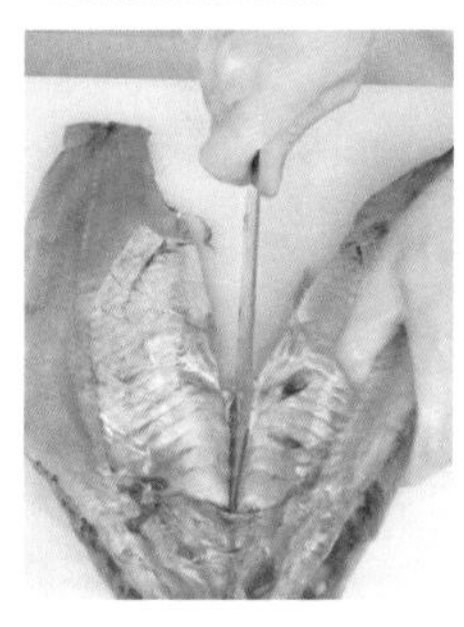

3 先取鱼尾一部分的鱼肉，斜刀切刀纹。

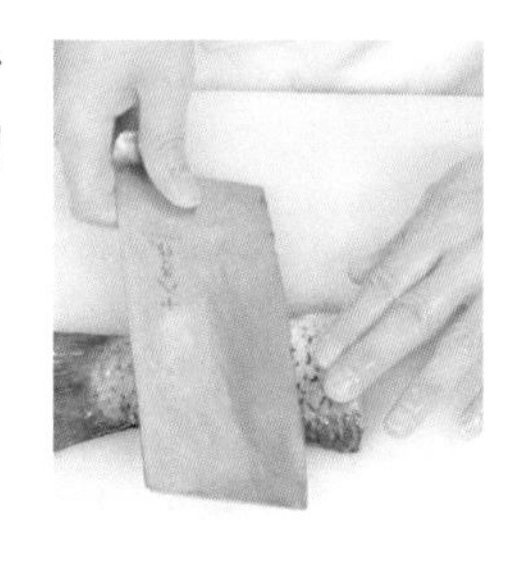

4 将鱼尾翻面，用同样的方法切刀纹即可。

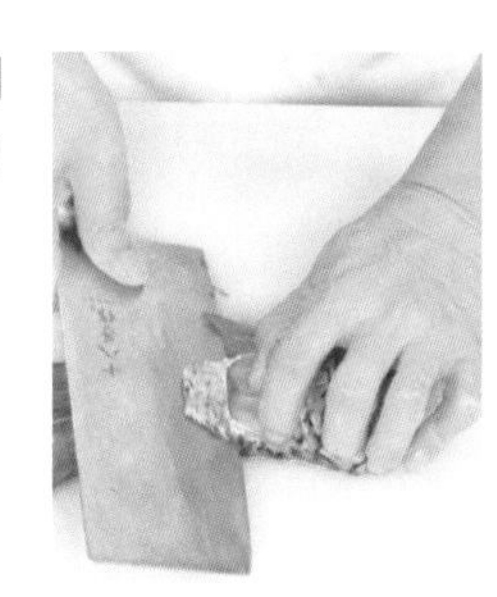

小百科

草鱼生长迅速，是中国淡水养殖的四大家鱼之一。栖息于平原地区的江河湖泊，一般喜居于水的中下层和近岸多水草的区域。

茄汁草鱼

材料

草鱼块200克

葱花少许

调料

番茄酱30克

淀粉5克

食盐3克

料酒4毫升

食用油适量

做法

❶ 洗净的草鱼块调入食盐，料酒腌制入味，拍上淀粉。

❷ 放入油锅中炸至金黄色，捞出摆盘。

❸ 淋上番茄酱，撒上葱花。

鲢鱼

性味▶ 性温，味甘。

营养成分▶ 含蛋白质、脂肪、糖类、维生素A、维生素D、B族维生素、钙、磷、铁等。

选购▶ 新鲜的鱼一般都游在水的下层，游动状态正常，没有身斜现象。

保存▶ 将鱼宰杀洗净，切成块分装在塑料袋里，放入冰箱冷冻室，一周内不会变质，烹调时拿出解冻即可。

鲢鱼剖腹清洗法

1 买回的鱼放在流水下冲洗。

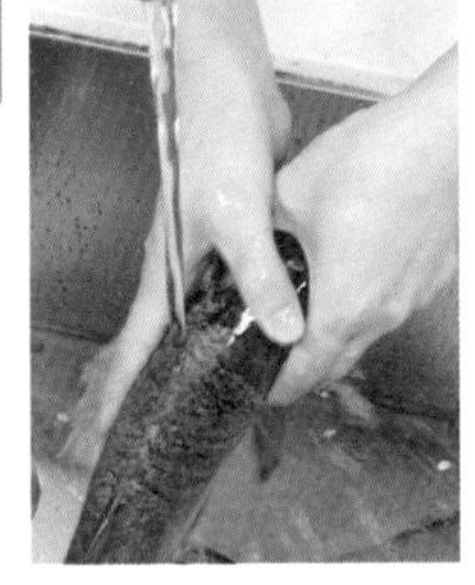

2 从鱼尾部开始，逆着鱼鳞的生长方向刮鱼鳞。

3 将鱼肚朝上，用刀刮鱼肚上的鱼鳞，挖出鳃丝。

4 将鱼冲洗一下，用刀剖开鱼腹，清理内脏。

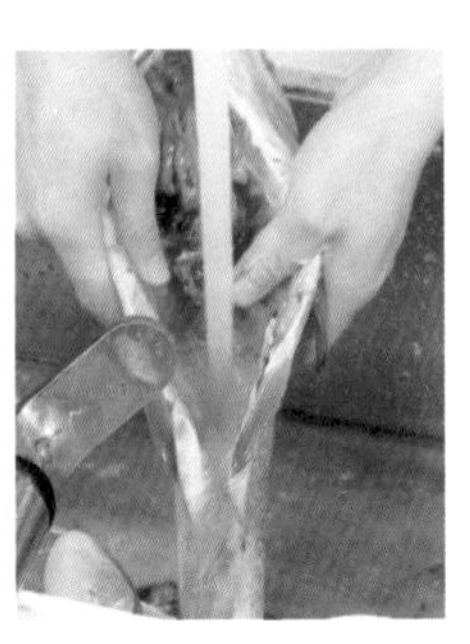

5 用手清理干净鱼腹内的黑膜。

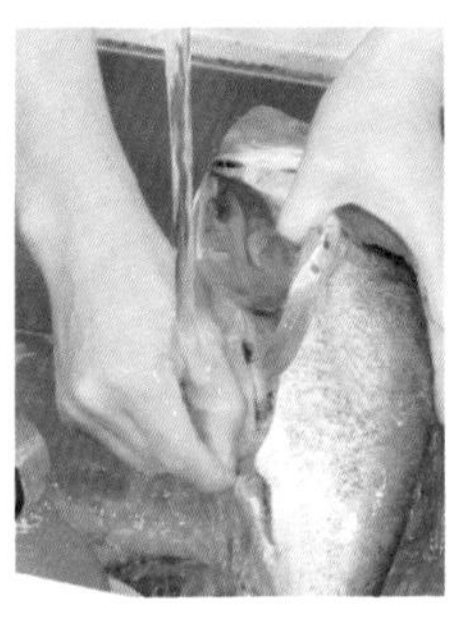

6 清洗完毕，将鱼放在盆中。

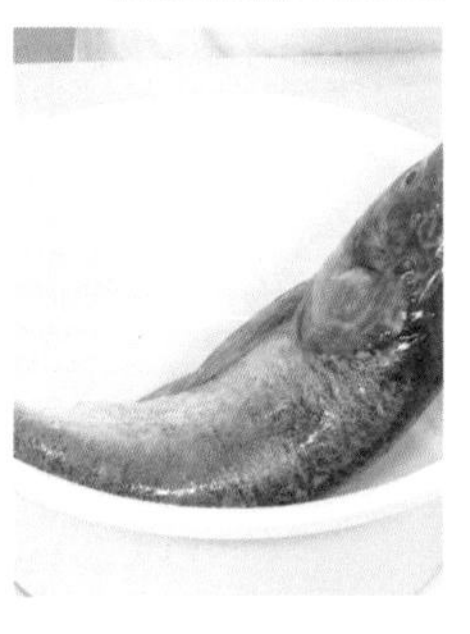

小百科

鲢鱼是著名的四大家鱼之一，人工饲养的大型淡水鱼，生长快，疾病少，产量高，多与草鱼、鲤鱼混养。

鲢鱼打十字刀花

1 取一块洗净的鱼肉，切除鱼鳍。

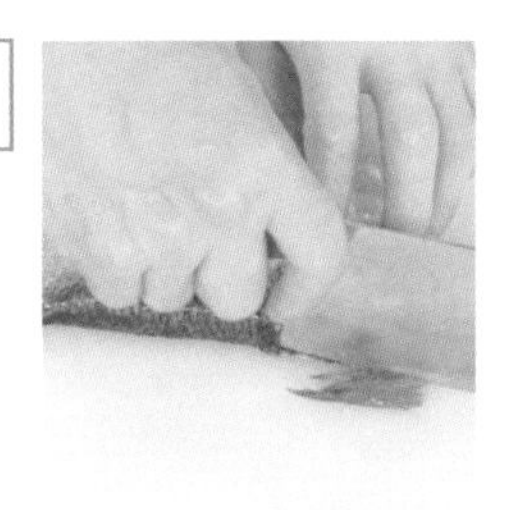

2 用直刀沿着一端在鱼身上斜打一字刀刀纹。

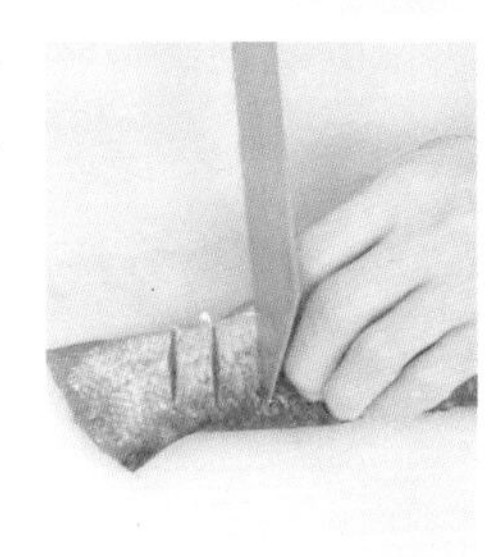

3 转角度，用直刀从一端开始切一字刀纹即可。

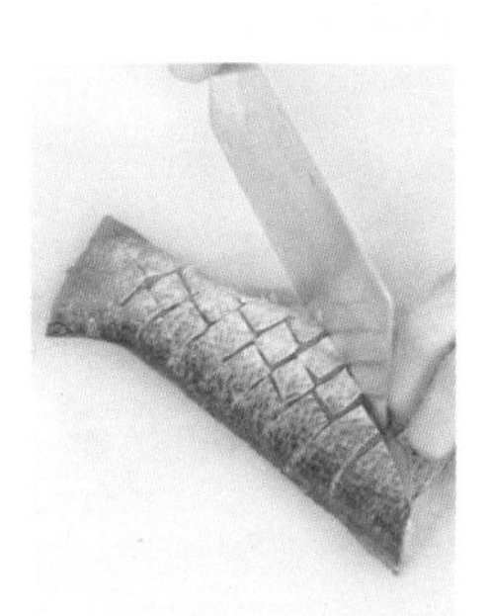

清蒸鲢鱼

材料

鲢鱼1条

姜丝、葱丝、

红椒丝各适量

调料

料酒4毫升

食盐3克

食用油适量

做法

❶ 鲢鱼去头，处理好后洗净，两面分别划上几刀，并在鱼身的里外拌上少许食盐，腌制10分钟以上。

❷ 在腌制好的鱼肉上撒上姜丝、葱丝、红椒丝，倒入料酒。蒸锅注水烧开，放入腌渍好的鲢鱼，蒸10分钟左右。

❸ 炒锅中注入食用油烧热，淋在蒸好的鲶鱼上即可。

鲫鱼

性味▶ 性平，味甘。

营养成分▶ 含蛋白质、脂肪、磷、钙、铁、维生素A、B族维生素、维生素D、维生素E、卵磷脂等。

选购▶ 选择鲜活的，鱼体光滑、整洁、无病斑、无鱼鳞脱落。以体色青灰、体形健壮的为好。

保存▶ 活鲫鱼可直接放入水盆中，每天换水，可以存活2周左右。

鲫鱼剖腹清洗法

1 从尾部开始，逆着鱼鳞的生长方向，开始刮鱼鳞。

2 刮去全身鱼鳞。

3 把鳃丝清除掉。

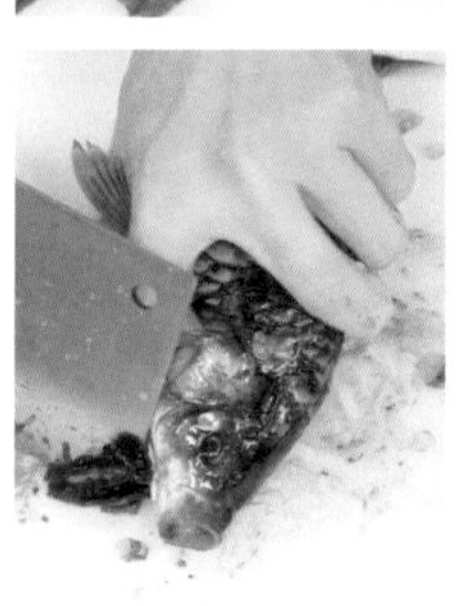

4 将鱼腹剖开，注意进刀不要太深，以免割破鱼鳔。

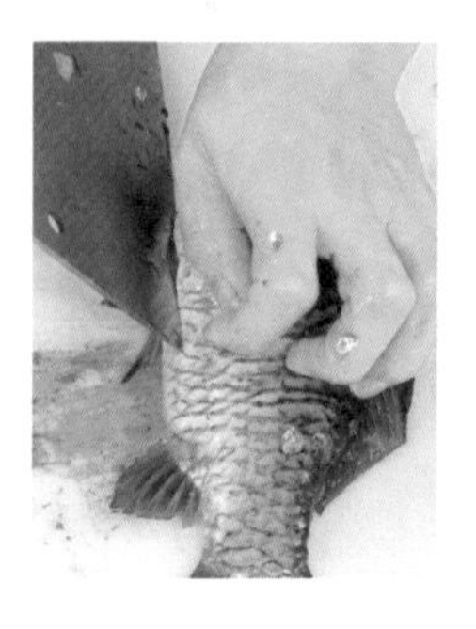

5 把鲫鱼内脏清理干净。

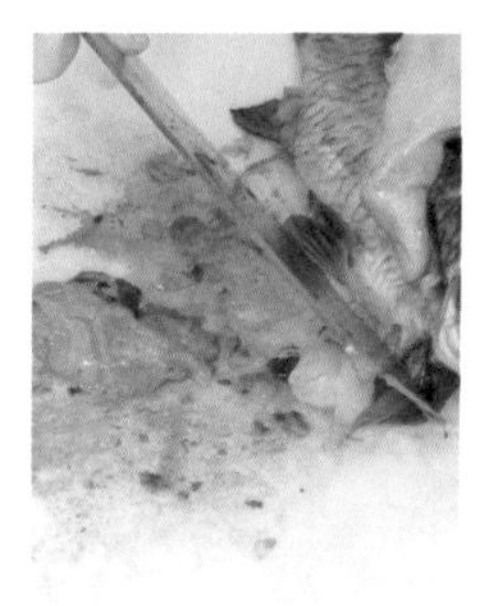

6 把鱼放在流水下冲洗干净即可。

鲫鱼切柳叶刀纹

1 取一条洗净的鲫鱼，纵向在中间切一条刀纹。

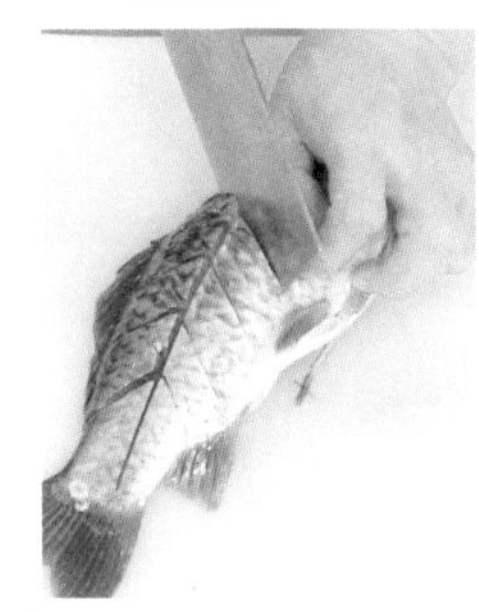

2 在刀纹一侧和另一侧均匀地剞上斜刀纹，呈叶脉状。

小百科

鲫鱼是主要以植物为食的杂食性鱼，喜群集而行，择食而居。肉质细嫩，肉味甜美，营养价值很高。

牛奶鲫鱼汤

材料

净鲫鱼400克
豆腐200克
牛奶90毫升
姜丝、葱花各少许

调料

食盐2克
鸡粉、
食用油各适量

做法

❶ 洗净的豆腐切开，再切成小方块。

❷ 锅中注入食用油烧热，放入鲫鱼用小火煎出香味，煎至两面断生，盛出装盘待用。

❸ 锅中注水烧开，撒上姜丝，放入鲫鱼，加鸡粉、食盐调味，掠去浮沫，煮至鱼肉熟软，放入豆腐块、牛奶，搅匀，煮至豆腐块入味，盛出装碗，撒上葱花即成。

鲤鱼

性味▶ 性平，味甘。

营养成分▶ 含蛋白质、脂肪、维生素A、维生素B_1、维生素B_2、维生素C等。

选购▶ 新鲜鲤鱼肉质坚实有弹性，手指按压后凹陷能立即恢复。

保存▶ 宰杀、清洗干净后擦干水，用保鲜膜包好，放入冰箱冷藏，可保存两天。

鲤鱼剖腹清洗法

1 刮去鲤鱼鱼鳞。

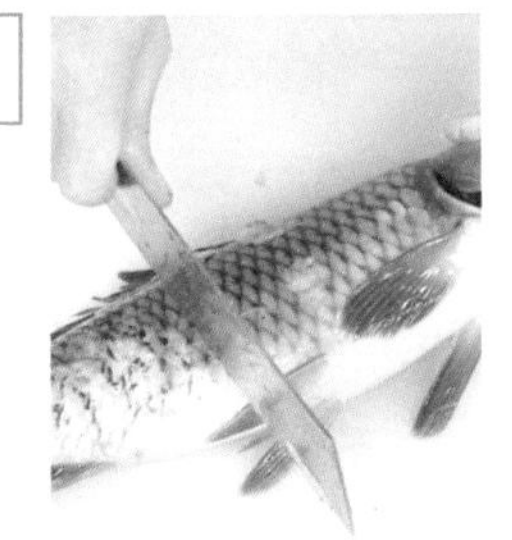

2 用清水将鱼鳞冲洗掉。

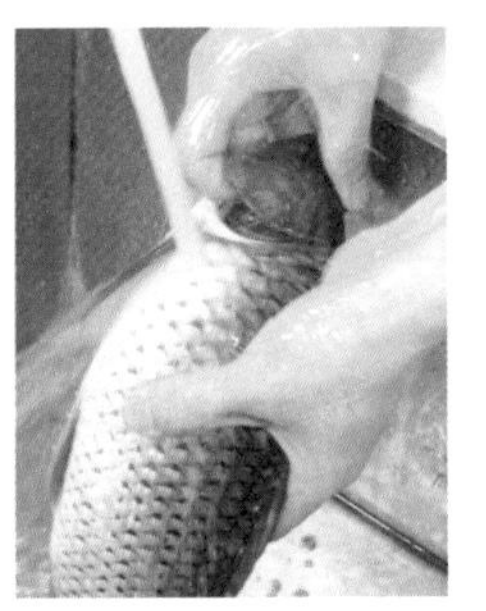

3 去掉鳃丝。

4 将鱼腹剖开。

5 将鱼的内脏和腹内黑膜清理干净。

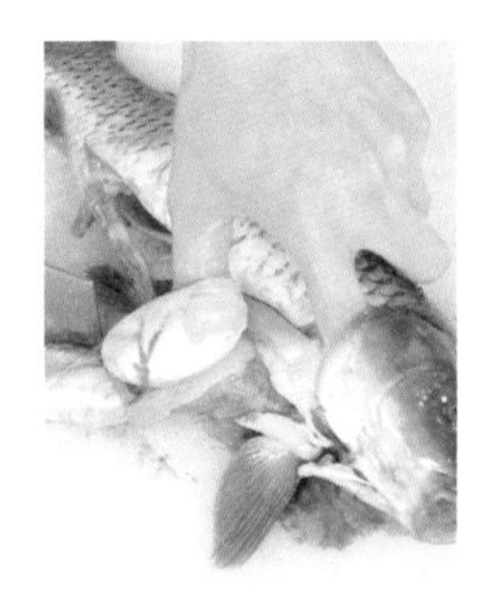

6 用清水将鱼冲洗干净即可。

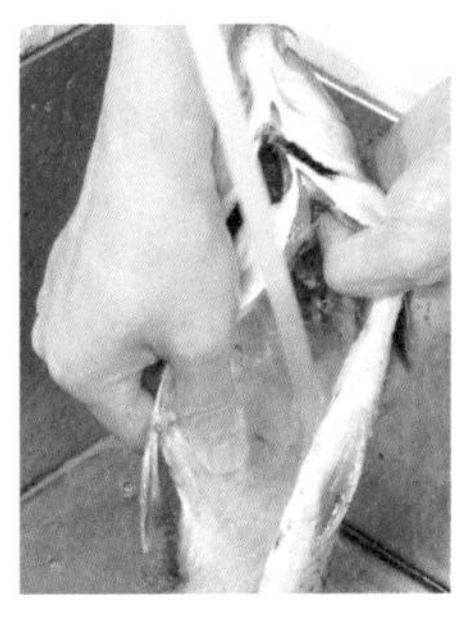

鲤鱼切花刀纹

1 处理干净的鲤鱼肉从中间一分为二，取一半，从鱼尾前端开始斜刀片鱼，注意不要切断。

2 调整角度，直刀切片，与原切口呈90°即可。

小百科

鲤鱼是原产亚洲的温带性淡水鱼，喜欢生活在平原上的暖和湖泊里，或水流缓慢的河川里。

木瓜鲤鱼汤

材料

鲤鱼1条
木瓜80克
红枣15克
香菜少许

调料

食盐2克
食用油适量

做法

❶ 鲤鱼刨去鱼鳞，剖肚去内脏，清洗干净；木瓜去皮，切开，去籽，切成块。

❷ 锅中注入食用油，放入鲤鱼，煎片刻，倒入清水，加入木瓜块、红枣，煮20分钟。

❸ 调入食盐，搅拌均匀，盛出，点缀上香菜即可。

鳊鱼

性味▶ 性平，味甘。

营养成分▶ 含蛋白质、维生素A、维生素B_1、维生素B_2、维生素C、维生素E、脂肪、铁、锌、镁、铜、磷、硒等。

选购▶ 新鲜鳊鱼鱼体光滑、整洁，无病斑，无鱼鳞脱落。

保存▶ 将清理干净的鱼放入保鲜袋或保鲜盒中，可放入冰箱冷藏。建议两天内食用完。

鳊鱼剖腹清洗法

1 从尾部向头部刮去鳞片。

2 先挖出鱼鳃，剖开腹部，再挖出内脏。

3 用水将鳊鱼冲洗干净。

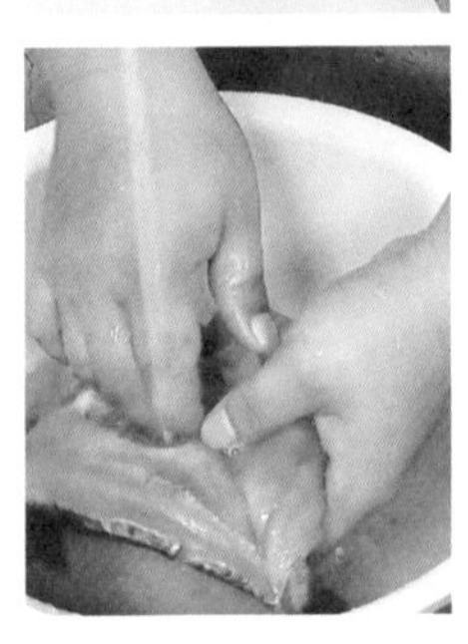

4 腹部的黑膜用刀刮一刮。

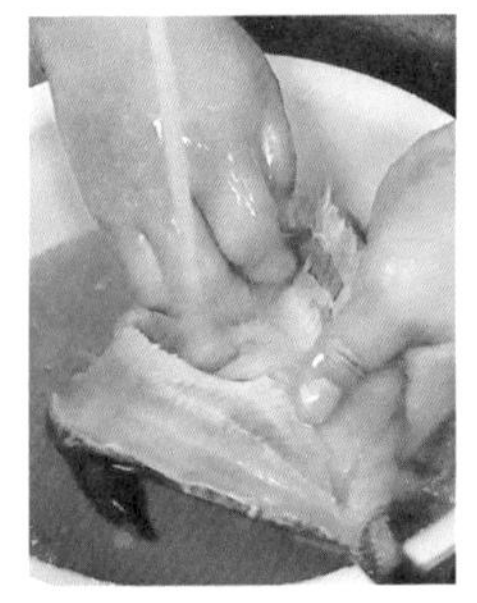

5 将鳊鱼冲洗干净即可。

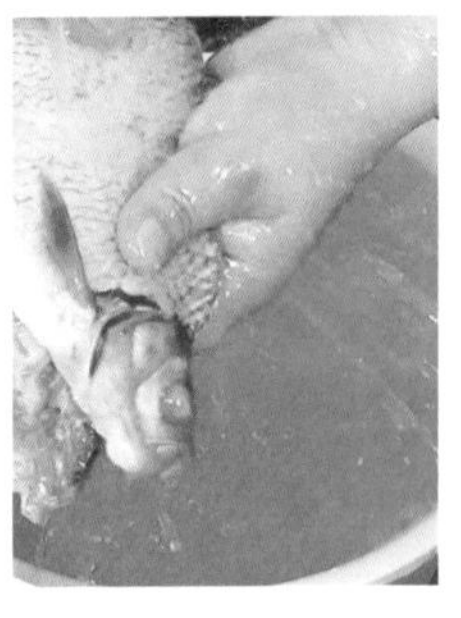

鳊鱼切网格形花刀纹

1 切掉鳊鱼尾部。

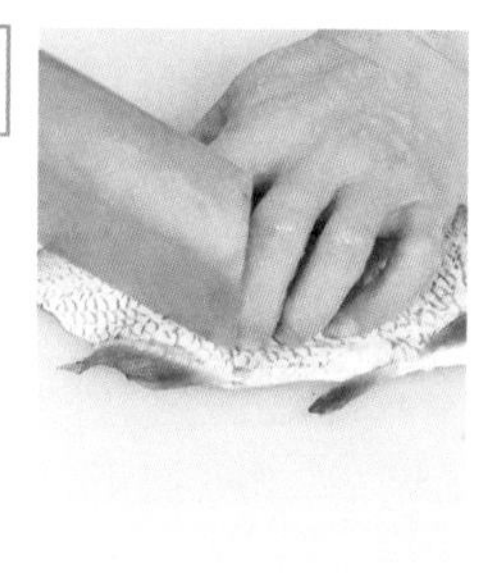

2 在鱼表面顺方向切上斜刀纹。

3 调整角度，从一端开始切完一字刀纹即可。

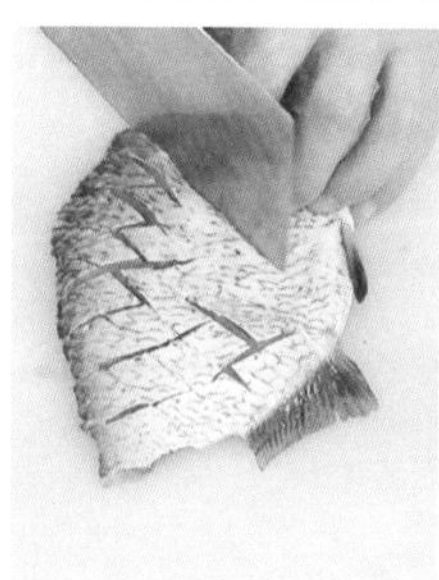

小百科

鳊鱼是中国水产科学家在20世纪50年代，从野生的鳊鱼群体中，经过人工选育、杂交培育出的优良养殖鱼种之一。

油煎鳊鱼

材料

鳊鱼1条

姜丝、红椒丝各15克

葱花少许

调料

老抽3毫升

食盐2克

食用油适量

做法

① 鳊鱼刨去鱼鳞，剖肚去内脏，清洗干净。

② 锅中注入食用油烧热，放入鳊鱼，煎至两面金黄。

③ 倒入老抽，撒上姜丝、红椒丝，调入食盐，翻面，盛出装盘，撒上葱花即可。

黄鱼

性味▶ 性平，味咸、甘。

营养成分▶ 含蛋白质、维生素A、维生素E、B族维生素、钙、磷、铁、硒等。

选购▶ 优质黄鱼鳞片完整有光泽，黏附鱼体紧密，不易脱落；眼球饱满，角膜透明清亮；鳃盖紧密，鳃丝鲜红。

保存▶ 去除内脏，清洗干净后用保鲜膜包好，再放入冰箱冷冻保存，可保鲜一周。

黄鱼清洗法

1 用刀刮除鱼鳞。

2 将鱼鳃的鳃丝挖去。

3 用清水将鱼冲洗干净即可。

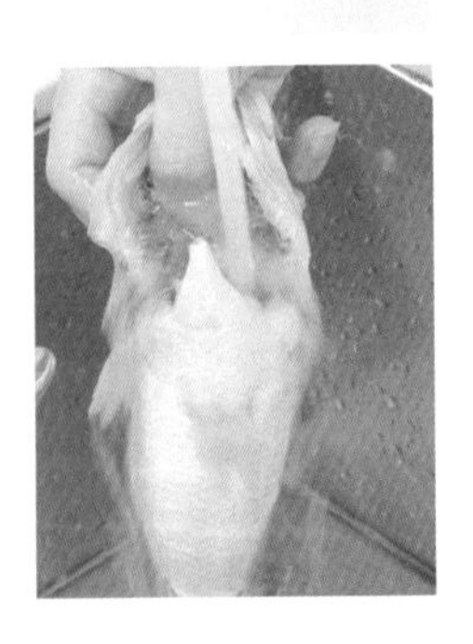

黄鱼切一字刀纹

1 先取一条洗净的黄鱼，再将鱼头切掉。

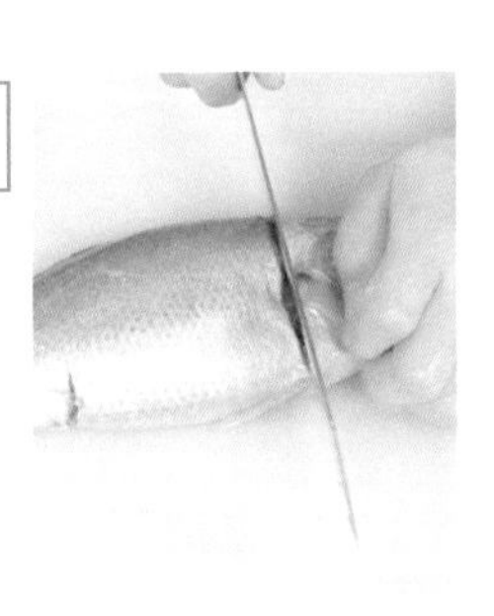

2 平刀从中间切成两部分。

3 将一半鱼肉从鱼骨上片下来。

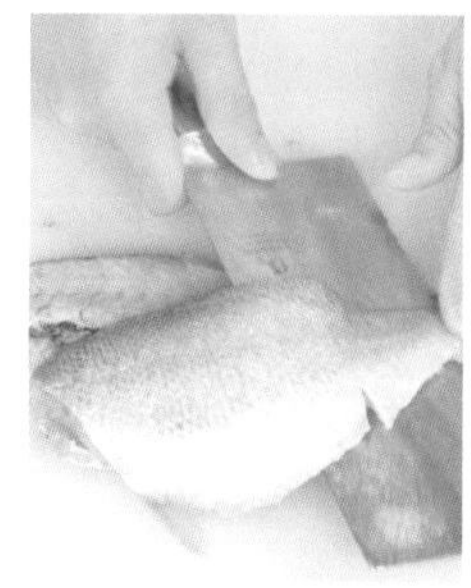

4 鱼肉切上一字刀纹，深度是鱼肉厚度的4/5即可。

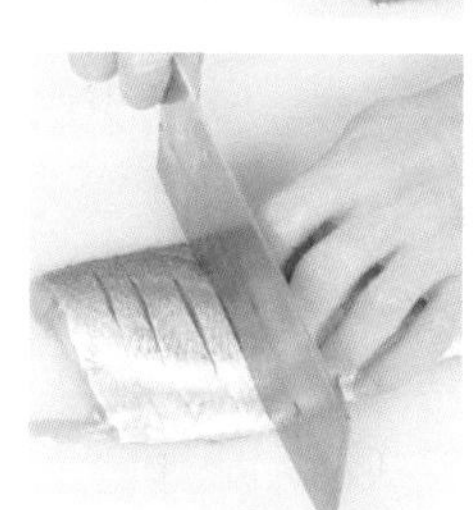

干烧小黄鱼

材料

小黄鱼1条

猪肉、香菇各60克

青椒20克

调料

辣椒酱10克

食用油适量

做法

❶ 小黄鱼刨去鱼鳞，剖肚去内脏，清洗干净。洗净的猪肉切成丁；洗净的香菇切成块；洗净的青椒去籽，切成丁。

❷ 锅中注入食用油烧热，放入小黄鱼，煎至两面金黄，盛出。

❸ 另起锅，倒入食用油，放入猪肉丁、香菇块，炒熟，放入青椒丁、辣椒酱，炒至入味，盛出，淋在煎好的小黄鱼上即可。

小百科

黄鱼属硬鳍类石首鱼科，又名黄花鱼、黄金龙、黄瓜鱼、石首鱼，肉质鲜嫩，营养丰富，是优质食用鱼种。

鲳鱼

性味▶ 性平，味甘。

营养成分▶ 含蛋白质、钙、磷、钾、镁、硒、不饱和脂肪酸等。

选购▶ 新鲜的鲳鱼鳞片完整，紧贴鱼身，鱼体坚挺，有光泽；眼球饱满，角膜透明；鳃丝呈紫红色或红色，清晰明亮。

保存▶ 将鲳鱼切成薄片之后，放入沸水中稍微汆烫一下，冷却之后装好，放在冰箱冷藏室可保存1~3个月。

鲳鱼剖腹清洗法

1 刮去鱼身两面的鳞片。

2 刮掉两边鳃丝，在鱼鳃附近纵切一道口子。

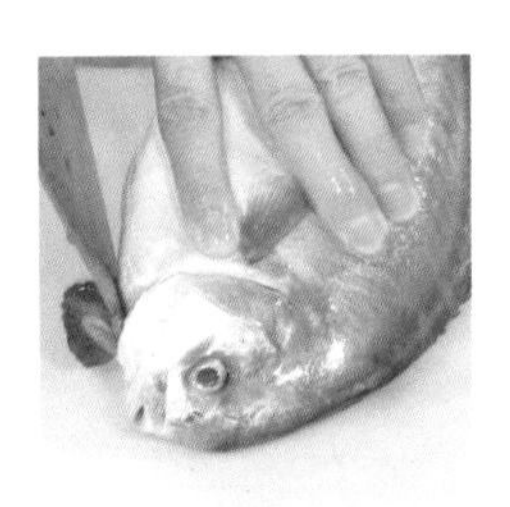

3 从切口开始划，将鱼腹划开，清理鱼腹，洗净。

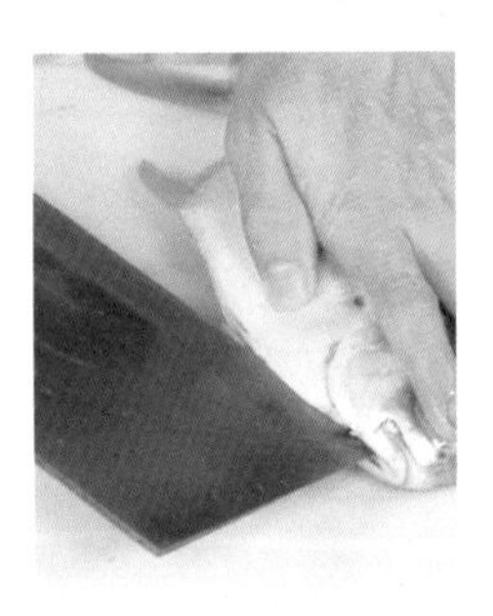

鲳鱼切麒麟蒸刀纹

1 取洗净剖好的鲳鱼一条，先去头、尾。

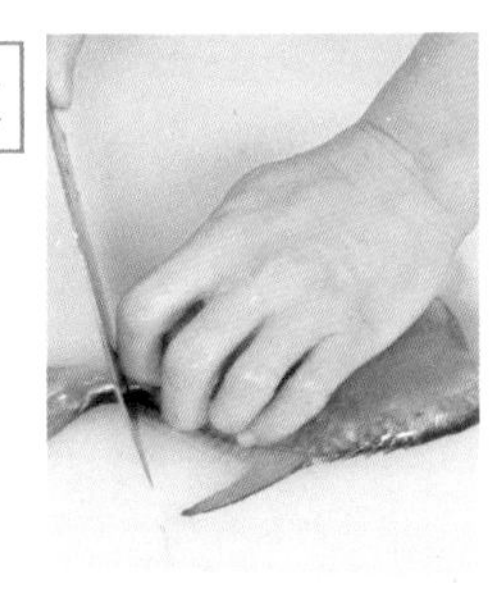

2 从鱼身中间切一刀，一分为二。

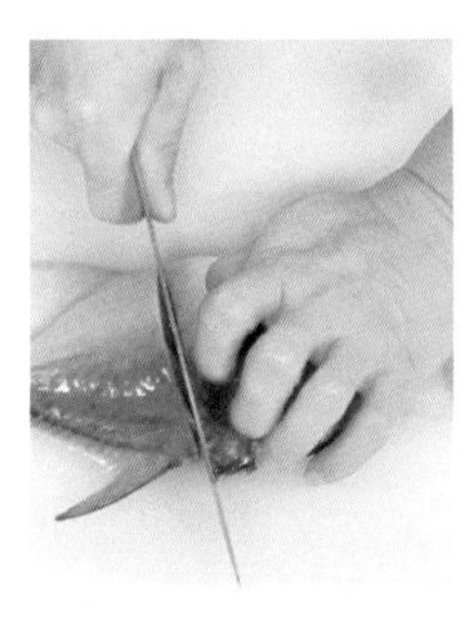

3 将鱼鳍切掉。

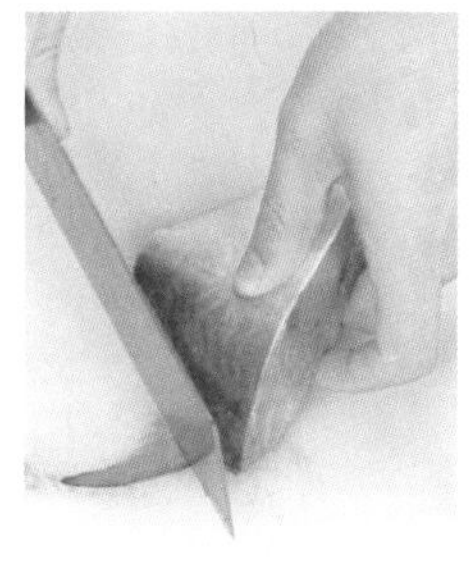

4 把鱼块从中间切开，一分为二，再切成均匀的小块即可。

清蒸菠萝鲳鱼

材料	调料
鲳鱼1条	豆豉5克
菠萝60克	酱油3毫升
红枣20克	食用油适量
葱丝适量	

做法

❶ 鲳鱼刨去鱼鳞，剖肚去内脏，清洗干净；菠萝去皮并切成块。

❷ 在鲳鱼身上铺上菠萝块、红枣、豆豉，放入烧开的蒸锅中蒸10分钟左右。

❸ 炒锅中注入食用油烧热，倒入酱油，搅拌均匀，淋在蒸好的鲳鱼上，撒上葱丝即可。

小百科

鲳鱼是一种身体扁平的海鱼，因其刺少肉嫩，深受人们喜爱，主妇们也很乐意烹食。

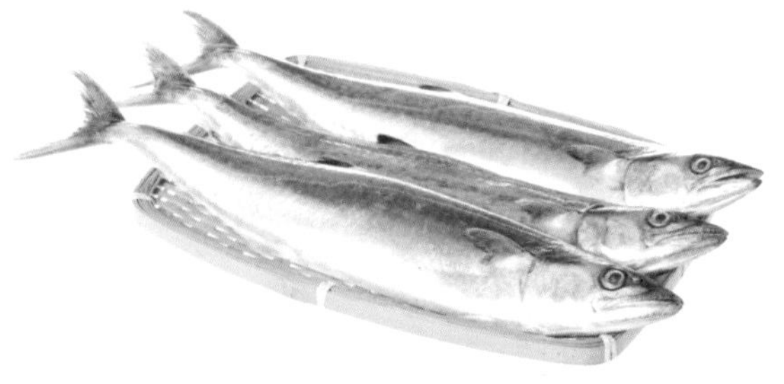

鲅鱼

性味▶ 性热，味甘。

营养成分▶ 含蛋白质、脂肪、维生素A、磷、镁、钙等。

选购▶ 新鲜鲅鱼鱼身颜色呈蓝绿色，鱼脊附近的颜色呈暗绿色。

保存▶ 清洗干净，然后按照烹饪需要，分割成鱼头、鱼身和鱼尾等部分，抹干表面水分，分别装入保鲜袋，放入冰箱冷冻保存，可保持一个月不变质。

鲅鱼清洗法

1 先用清水把鲅鱼外部的污物冲洗干净。

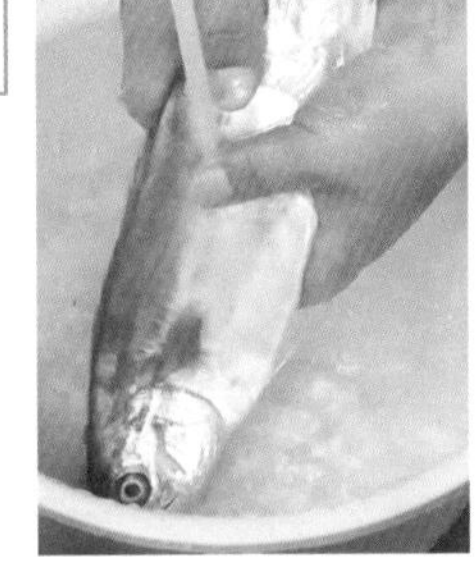

2 用刀从鱼腹下向上切开，一直切到鱼口。

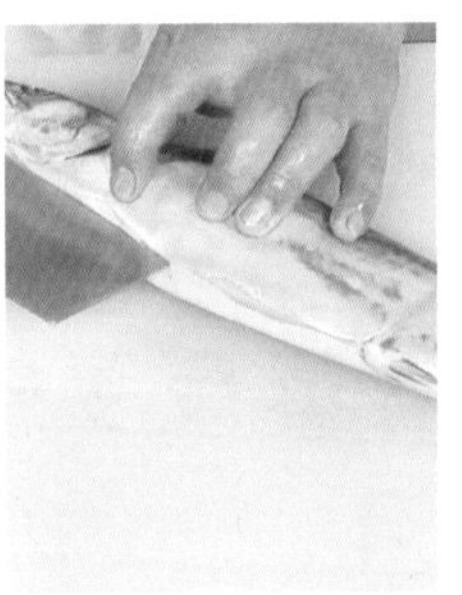

3 把红色的鳃丝连同内脏一起扯出，丢掉。

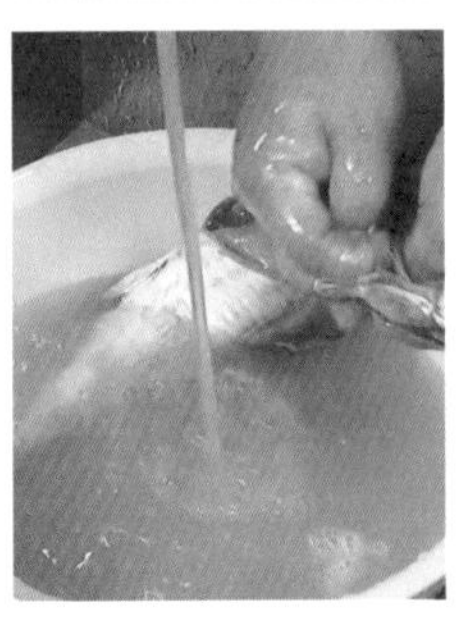

4 把腹腔内部靠近鱼脊的鱼血去掉。

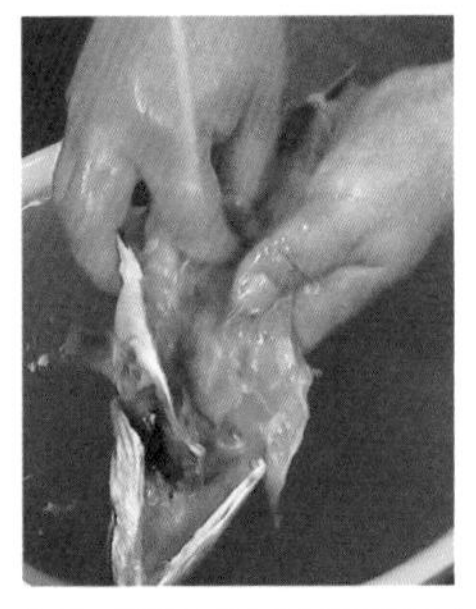

5 用清水冲洗干净即可。

鲅鱼切片

1 将鲅鱼放砧板上。

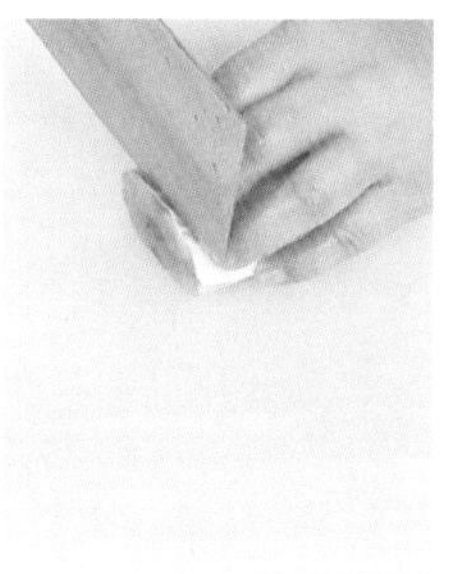

2 将鲅鱼切成片。

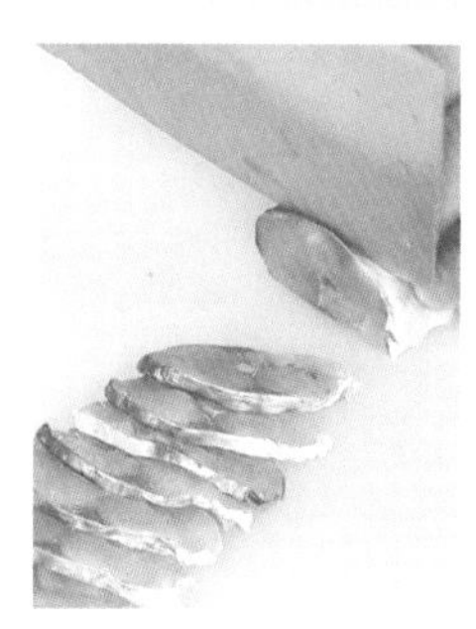

小百科

鲅鱼分布于北太平洋西部，以中上层小鱼为食，夏秋季结群洄游，秋汛常成群索饵于沿岸岛屿及岩礁附近，为北方经济鱼之一。

香煎鲅鱼

材料

鲅鱼2块

蒜末、葱花各少许

调料

料酒3毫升

食盐2克

食用油适量

做法

❶ 锅中注入食用油烧热，放入鲅鱼，煎至熟，盛出。

❷ 另起锅，倒入食用油，加入料酒、食盐，搅拌均匀，淋在煎好的鲅鱼上，再撒上蒜末、葱花即可。

带鱼

性味▶ 性温，味甘。

营养成分▶ 含蛋白质、脂肪、镁、硒、钙、碘、维生素B_1、维生素B_2、嘌呤等。

选购▶ 看鱼鳞的分布是否均匀，如果掉得比较多，说明倒腾的次数比较多，是重新包装的。

保存▶ 将带鱼清洗干净，擦干，剁成大块，抹上一些食盐和料酒，再放到冰箱冷冻，这样就可以长时间保存，还能腌渍入味。

带鱼冷热水清洗法

1 烧一锅开水，放入带鱼煮约45秒钟，捞出。

2 将带鱼放入装有清水的盆内，把白膜清理掉。

3 用剪刀剪开鱼肚，把里面的内脏和黑膜清理干净。

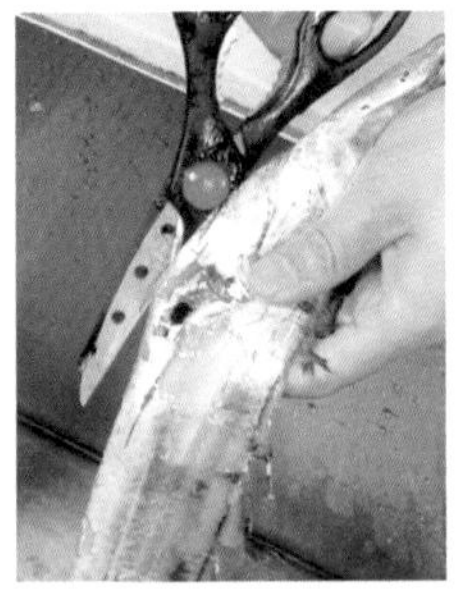

4 用剪刀剪去带鱼的头部。

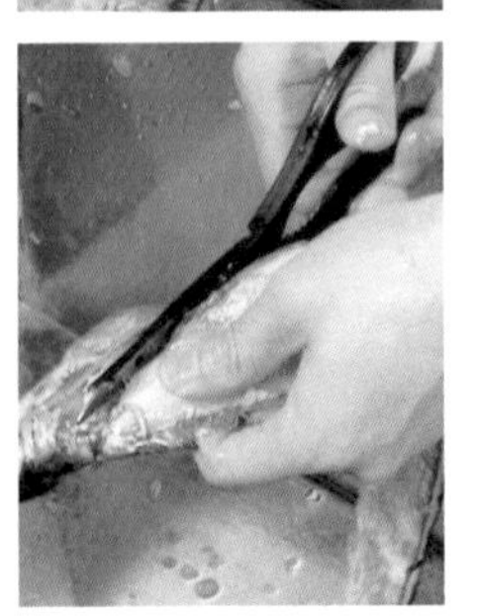

5 剪去鱼鳍，再剪去尾部。

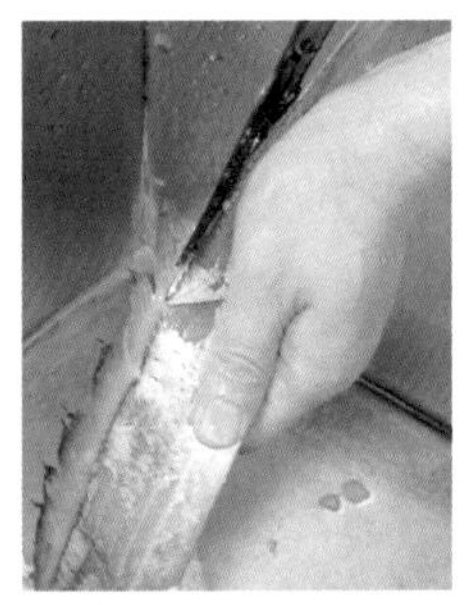

6 把带鱼冲洗一下即可。

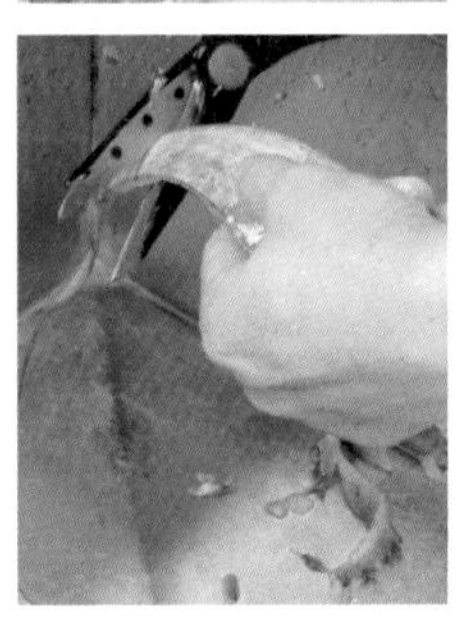

带鱼切长段

1 取洗净的带鱼一条，沥干水分，从一端开始切。

2 把整条带鱼切成均匀的长段，放入盘中即可。

小百科

带鱼肉多且细，脂肪含量较多且集中于体外层，味鲜美，刺较少。我国沿海均产，以东海产量最高，南海产量较低。

豆瓣酱烧带鱼

材料

带鱼1条

葱花少许

调料

食盐、豆瓣酱、料酒、食用油各适量

做法

❶ 带鱼去头去尾，清除内脏，处理干净，切段。

❷ 带鱼段装碗，撒入少许食盐，淋入料酒拌匀后腌制10分钟。

❸ 锅中注入食用油烧热，放入带鱼段，煎至两面金黄。

❹ 倒入豆瓣酱，再加入适量清水，焖煮片刻，装盘，最后撒上葱花即可。

鲈鱼

性味▶ 性平，味甘、淡。

营养成分▶ 含蛋白质、脂肪、钙、磷、铁、铜、维生素A、B族维生素、维生素D等。

选购▶ 鲈鱼以鱼身偏青色，鱼鳞有光泽、透亮为好。鳃丝呈鲜红，表皮及鱼鳞无脱落才是新鲜的。鱼眼要清澈透明不混浊，无损伤痕迹。

保存▶ 去除内脏，清洗干净，擦干水，用保鲜膜包好，放入冰箱冷藏，需在两天内食用。

鲈鱼夹鳃清洗法

1 将鱼鳞去除。

2 把鱼放在水龙头下，将鱼鳞冲洗干净。

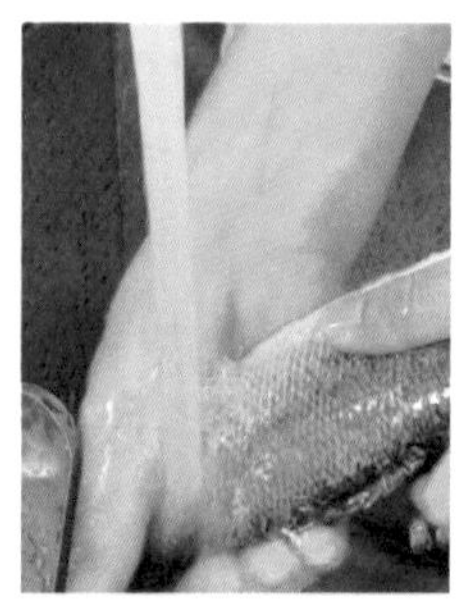

3 在腹鳍上方横切一刀。

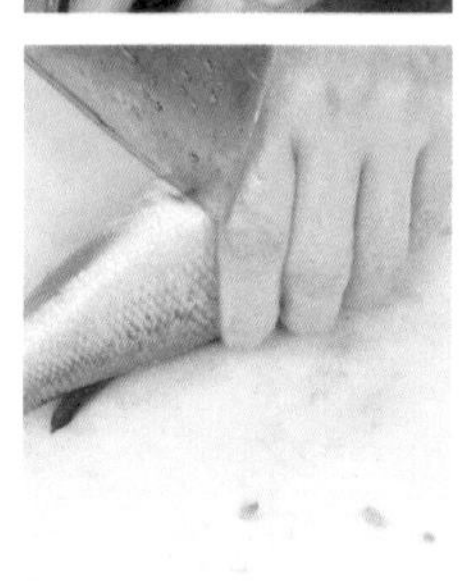

4 将两根筷子由鳃口伸入鱼腹中。

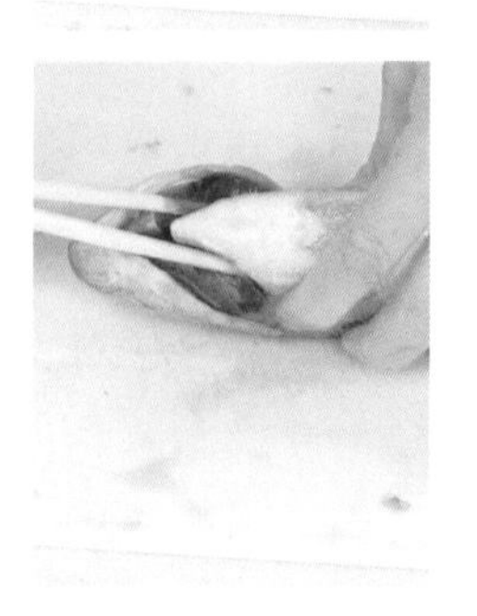

5 转动筷子朝外拉动，把鳃丝和内脏一起绞出。

6 鱼放在水龙头下冲洗干净即可。

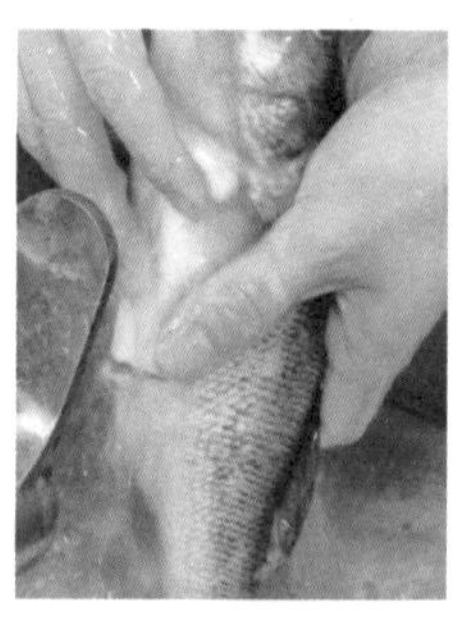

鲈鱼切瓦块

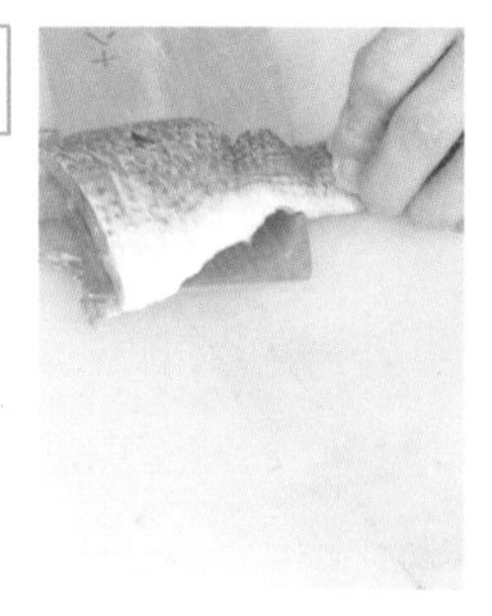

1 取一段鲈鱼肉，用平刀从脊骨处将鱼肉切开。

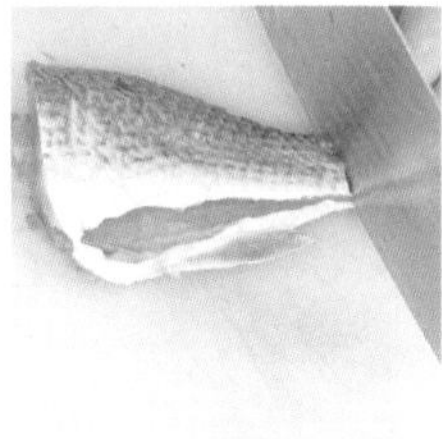

2 将尾部切除。

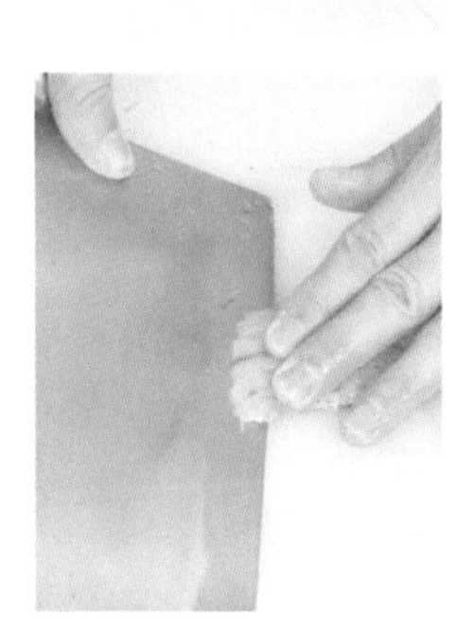

3 沿着鲈鱼肉的一端斜刀切下去，下刀要深，切断，依此把整段鱼肉切完即可。

小百科

鲈鱼为我国“四大淡水名鱼”之一，中国沿海均有分布，喜栖息于河口，亦可上溯江河淡水区。

豆腐烧鲈鱼

材料

鲈鱼1条

豆腐100克

黑芝麻、干辣椒段、香菜叶各少许

调料

料酒3毫升

食盐2克

食用油适量

做法

❶ 鲈鱼刨去鱼鳞，剖肚去内脏，清洗干净，切成均等块，不切断；洗净的豆腐切成块。

❷ 锅中注入食用油烧热，放入鲈鱼，煎至片刻。

❸ 加入豆腐块、水，拌匀，煮至熟软。

❹ 倒入料酒、食盐、干辣椒段，拌匀，盛出装碗，撒上黑芝麻、香菜叶即可。

秋刀鱼

性味▶ 性平，味甘。

营养成分▶ 含有蛋白质、铁、EPA、DHA、维生素A、维生素E、维生素B_{12}等。

选购▶ 品质良好的秋刀鱼，形如弯刀，弧度美妙，鱼嘴锋利。鳞片泛着青色，有光泽。

保存▶ 用保鲜膜包好，放在冰箱冷藏室，两天内食用完。

秋刀鱼剖腹清洗法

1 沿着从尾至头的方向将鱼鳞刮除，冲洗干净。

2 剖开鱼腹。

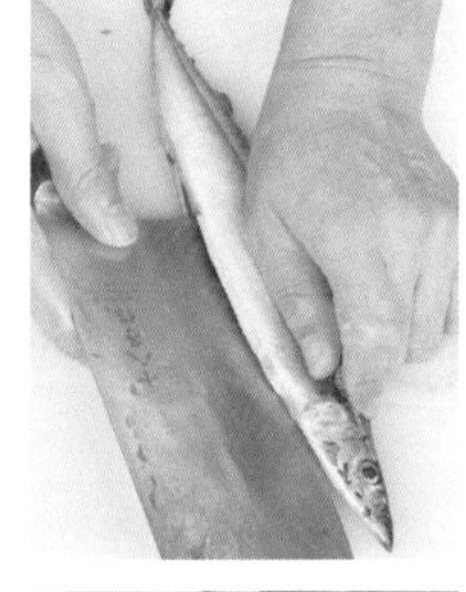

3 将鳃壳打开，择去鱼鳃。

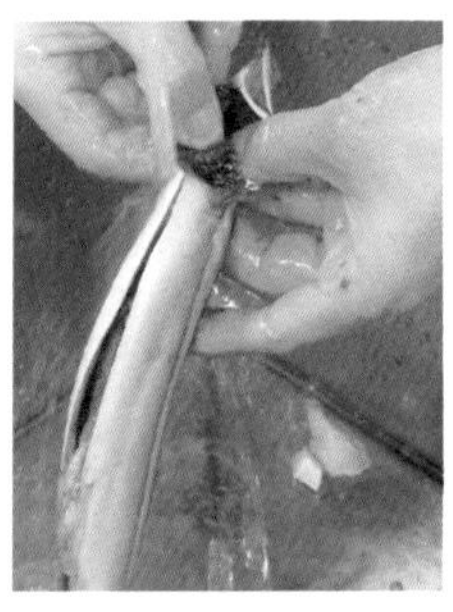

4 择除鱼的内脏。

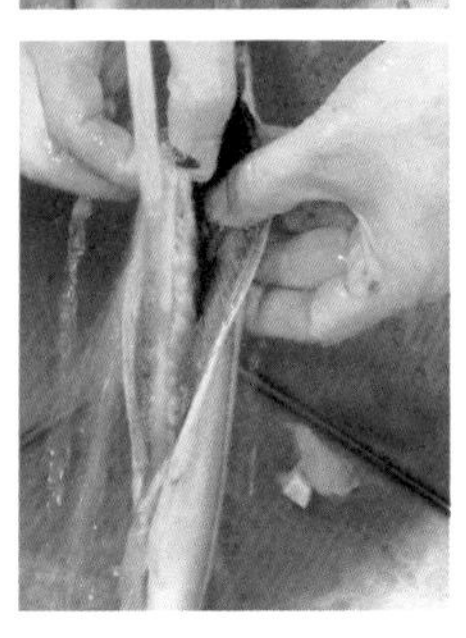

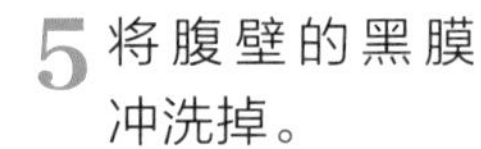

5 将腹壁的黑膜冲洗掉。

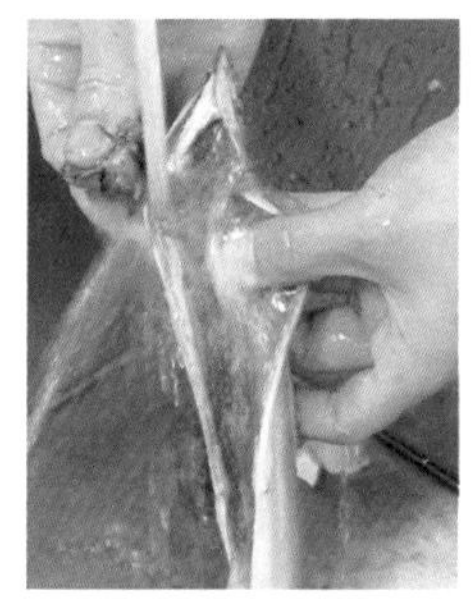

6 将鱼肉冲洗干净，沥干水分。

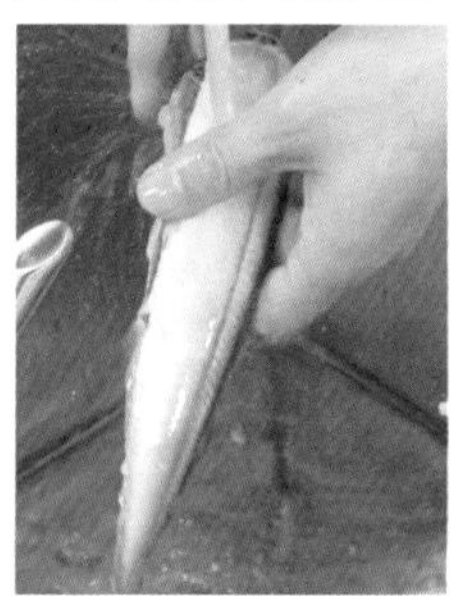

秋刀鱼斜切一字刀纹

1 取一条秋刀鱼，从尾部开始斜切一字刀纹，尽量保持刀距和深浅一致。

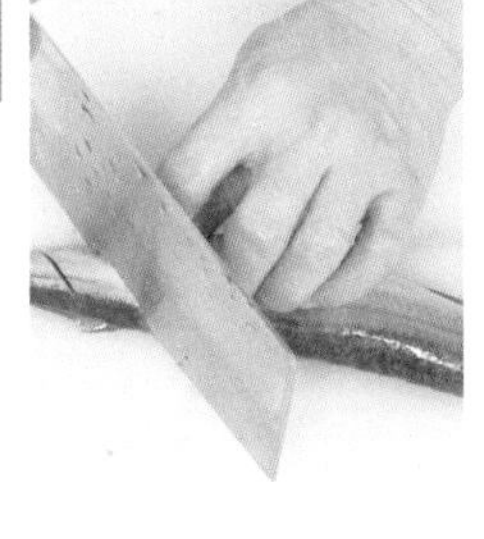

2 在整条秋刀鱼的两面都打上这样的刀纹即可。

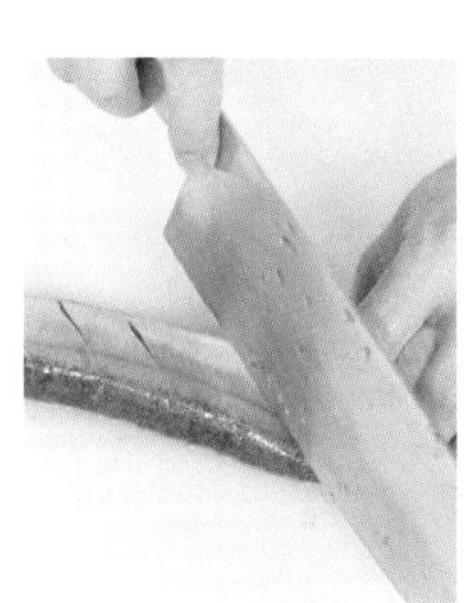

盐烤秋刀鱼

材料	调料
秋刀鱼2条	食盐5克
柠檬半个	酱油适量

做法

❶ 将两条秋刀鱼去除内脏鱼鳃，洗净沥干，用刀在鱼身上划几刀以便腌制入味。

❷ 柠檬切成两半，一半用来挤汁，一半用来摆盘。

❸ 秋刀鱼内外均匀地抹上食盐，腌制30分钟左右，再刷上一层酱油。

❹ 烤箱200℃预热好。烤盘垫一张锡纸，放上腌制好的秋刀鱼，烘烤至秋刀鱼表皮金黄微焦，取出装盘，挤上柠檬汁即可。

秋刀鱼是日本最平民化的鱼种，到了秋天，家家户户几乎都会传出烤秋刀鱼的香味。它最常见的料理方式就是直接炭烤。

虾

性味 ▶ 性温，味甘、咸。

营养成分 ▶ 含蛋白质、脂肪、糖类、钙、铁、碘、硒、B族维生素、谷氨酸、维生素B_1、甲壳素等。

选购 ▶ 活虾应当选肉质坚实细嫩，有弹性的；冻虾应挑选表面略带青灰色，手感饱满并富有弹性的。

保存 ▶ 在虾的表面洒上少许酒，沥干水分，再放入冰箱冷冻。

虾牙签去肠清洗法

1 先剪去虾须以及虾脚。

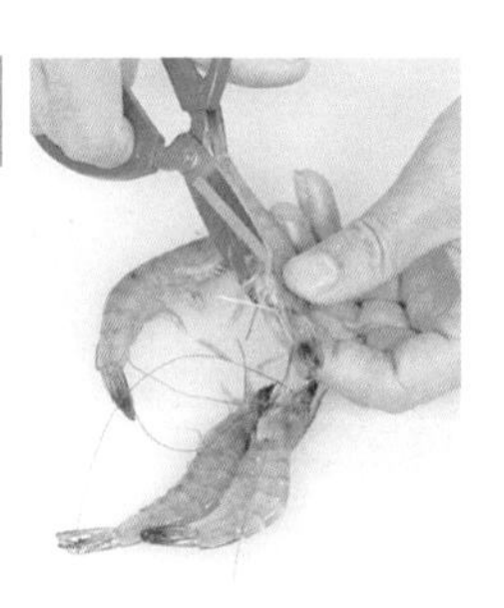

2 剪去尾尖。

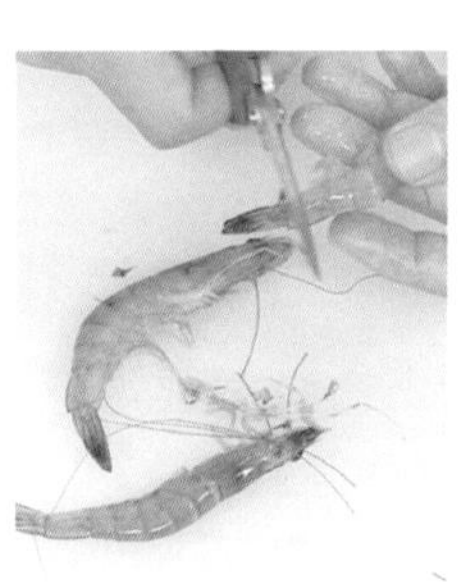

3 在虾背部处开上一刀。

4 牙签挑出虾线。

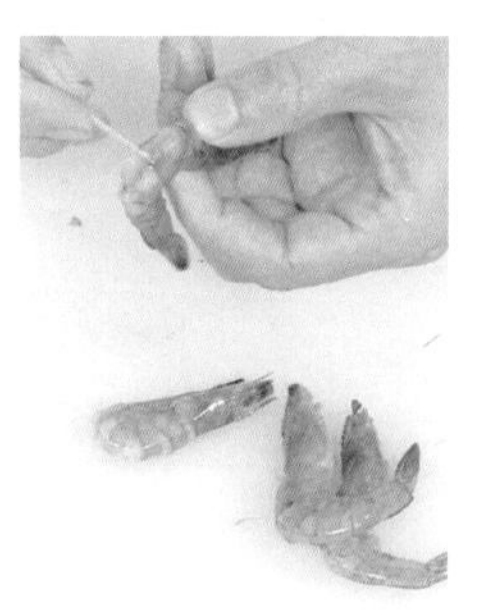

5 将虾放在流水下冲洗，沥干水。

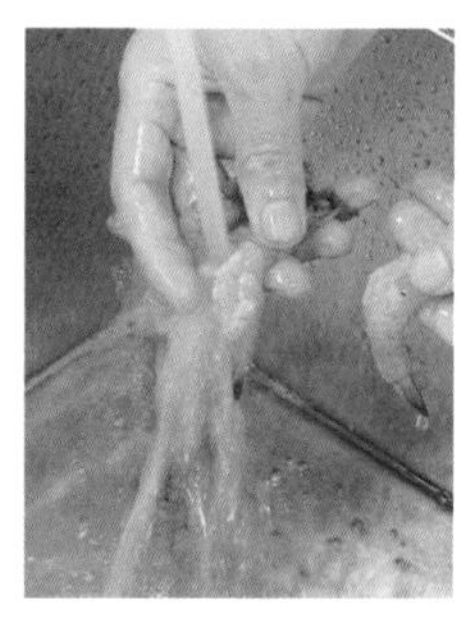

切凤尾虾

1 取洗净的虾，将虾头掐去。

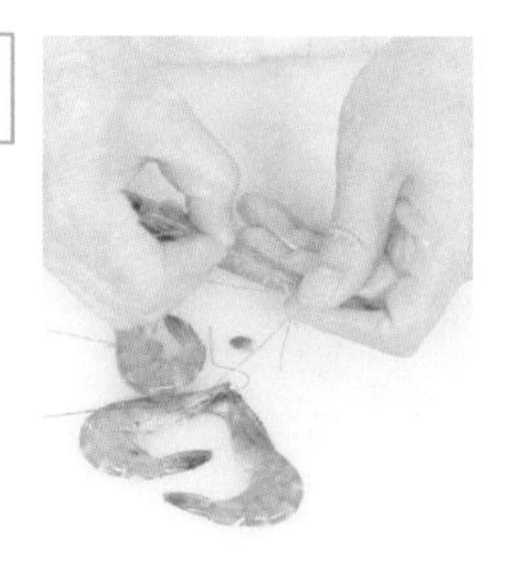

2 将虾壳剥干净。

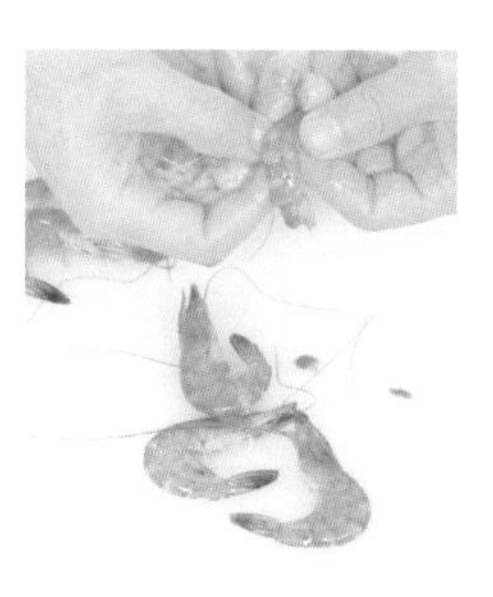

3 把虾背切开，将虾背轻轻拍平呈凤尾状即可。

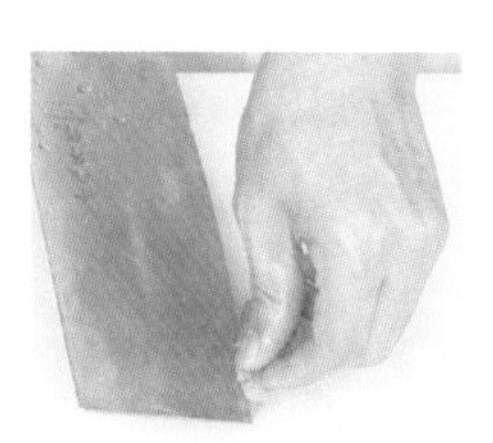

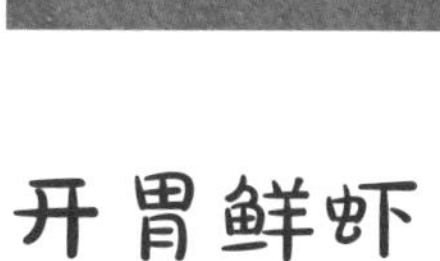

开胃鲜虾

材料

虾500克

香葱1根

姜片、香菜碎、

柠檬片各适量

调料

食盐、

番茄酱各适量

做法

❶ 虾剪掉须线，冲洗干净。

❷ 取锅注水，放入姜片、打成结的香葱，烧开，放入虾煮熟，捞出，沥干水分，装盘，撒上香菜碎。

❸ 取小碟子，倒入番茄酱，撒上香菜碎。

❹ 用柠檬片和食盐稍加装饰，食用时剥去虾壳，蘸取酱汁即可。

小百科

虾是一种生活在水中的长身动物，属节肢动物甲壳类，种类很多，包括青虾、河虾、草虾、小龙虾、对虾、明虾等。

蟹

性味▶ 性寒，味咸。

营养成分▶ 含蛋白质、脂肪、钙、磷、碘、胡萝卜素、维生素B_1、维生素B_2、甲壳素等。

选购▶ 肚脐凸出来的，一般都膏肥脂满；凡蟹足上绒毛丛生，则蟹足老健。

保存▶ 把螃蟹捆好，放入冰箱冷藏室里，最好放在水果层，把打湿的毛巾铺在螃蟹上面，不要拧太干，不要把毛巾叠起来铺，这样可以保存两天。

蟹开壳清洗法

1 用软毛刷在流水下轻松刷洗蟹壳。

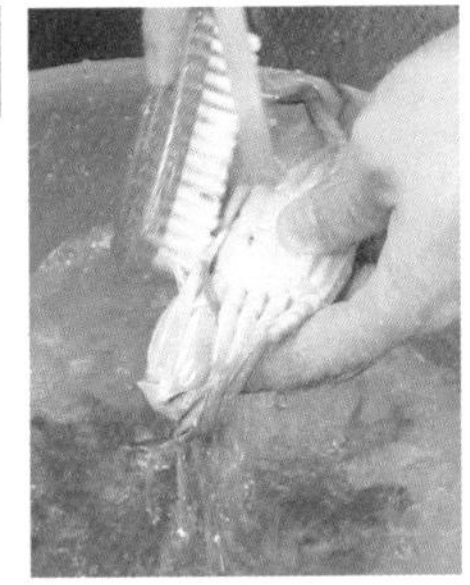

2 用刀先把蟹壳打开。

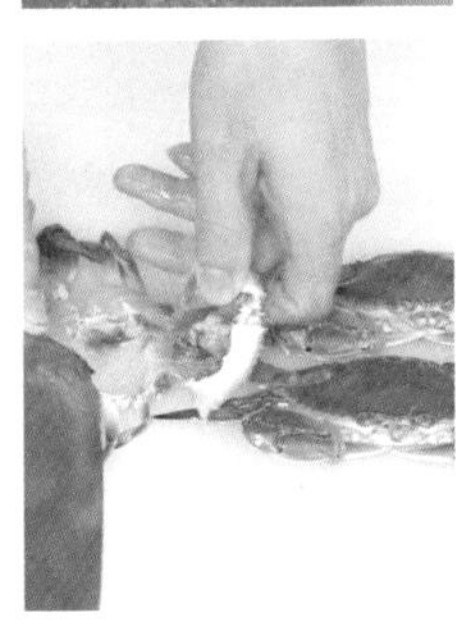

3 刮除蟹壳里的脏物。

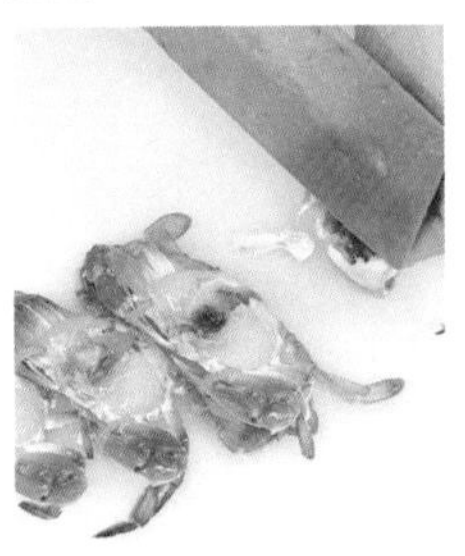

4 将蟹肉上的脏物清理掉。

5 把去除脏物的蟹肉放在水中泡一下。

6 将蟹肉清洗干净，捞出沥干水分即可。

香辣蟹

小百科

蟹乃食中珍味，素有“一盘蟹，顶桌菜”的民谚。它不但味美，而且营养丰富，是一种高蛋白的补品。

材料

螃蟹2只

花生米100克

干辣椒20克

去皮大蒜、香菜叶各少许

调料

辣椒酱16克

料酒8毫升

食盐4克

食用油适量

做法

❶ 螃蟹放入水中清洗，将肚脐解下，然后将蟹盖揭开，撕去螃蟹的腮，清洗干净后剁成两半。

❷ 螃蟹加入食盐，腌制10分钟。

❸ 将螃蟹放油锅中炸至表面金黄，捞出装盘，再放入花生米，炸至金黄，捞出装盘。

❹ 锅底留油，加入干辣椒、大蒜、辣椒酱、料酒，炒至入味，放入装有螃蟹的盘中，点缀上香菜叶即可。

鲍鱼

性味▶ 性平，味甘、咸。

营养成分▶ 含脂肪、维生素A、维生素B_2、维生素B_5、蛋白质、胡萝卜素、糖类等。

选购▶ 先将外形有缺口、裂痕者摒除，挑选出完好无损、品质较佳的鲍鱼。

保存▶ 干鲍用塑胶袋、报纸与塑胶袋完整包裹密封好，将其存放于冰箱冷冻室中保存。

鲍鱼食盐清洗法

1 在流水下用刷子将鲜鲍鱼的壳刷干净。

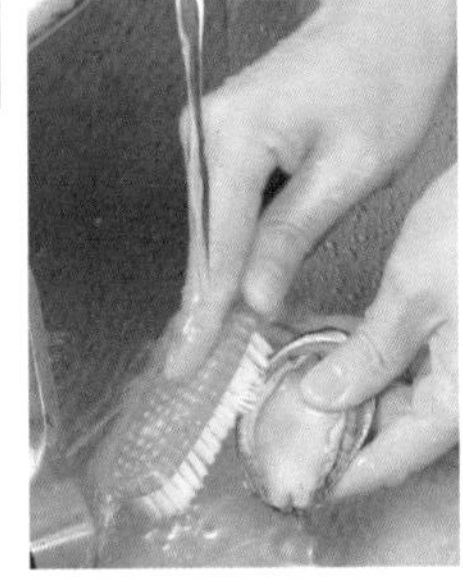

2 将鲍鱼肉整粒挖出。

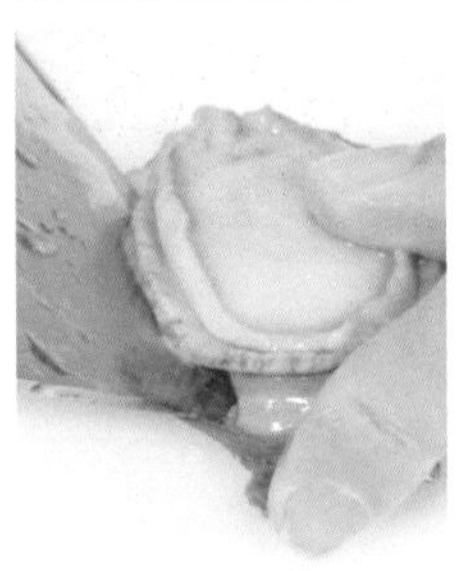

3 将鲍鱼肉放在大碗中，撒食盐。

4 用手将鲍鱼肉抓揉一下。

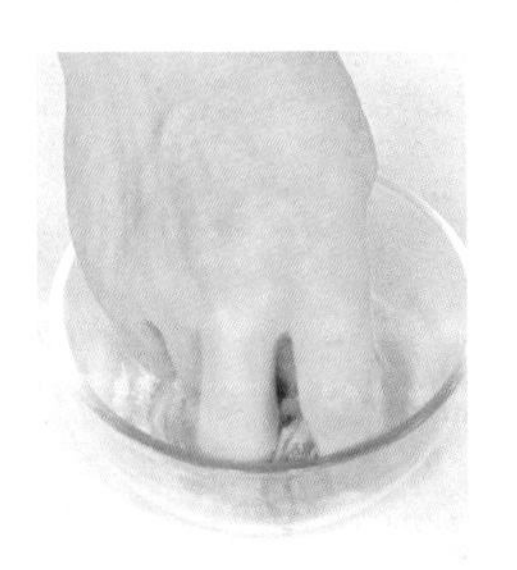

5 去除鲍鱼肉中间与周围的坚硬组织。

6 将鲍鱼肉用水浸泡一会儿，再捞起冲洗干净，沥干水分。

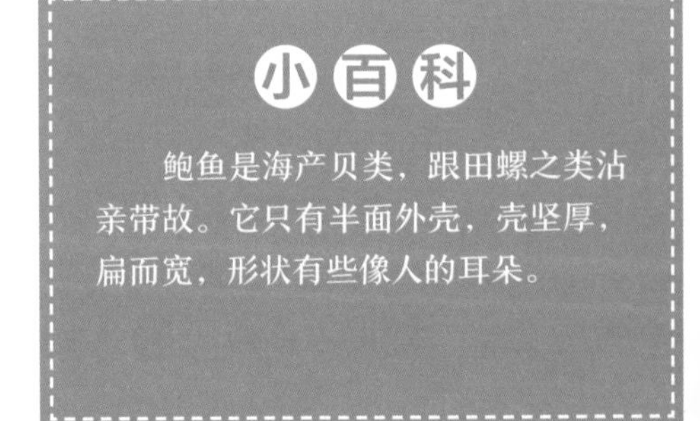

小百科

鲍鱼是海产贝类，跟田螺之类沾亲带故。它只有半面外壳，壳坚厚，扁而宽，形状有些像人的耳朵。

鲍鱼切网格花刀纹

1 边缘往中间，多次打纵一字刀纹。

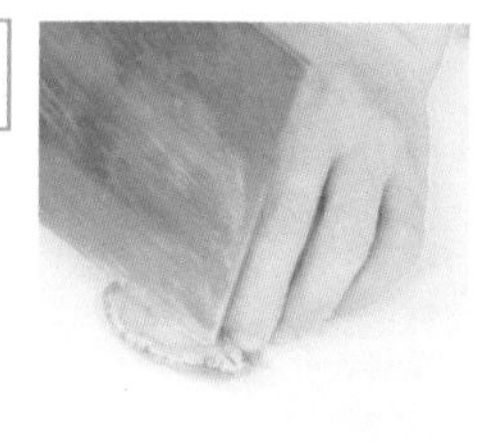

2 中间的一刀要切得深一点。

3 先纵一字刀纹完成，再打横一字刀纹。

4 从上往下，再多次打一字刀纹，网格花刀纹就完成了。

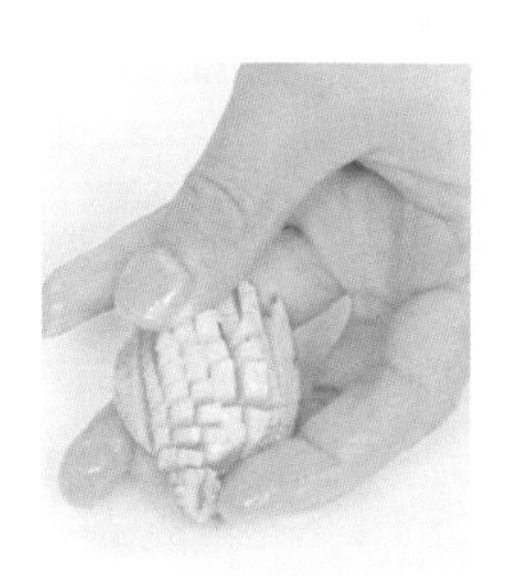

清蒸鲜鲍鱼

材料

鲍鱼6只

姜丝、

葱花各少许

调料

酱油、

料酒各适量

做法

❶ 将鲍鱼处理好，刷洗干净，鲍鱼壳也要刷洗干净。

❷ 鲍鱼肉的背面切菱形花刀纹，再用少许料酒、姜丝抓匀，腌制5分钟。

❸ 鲍鱼壳中放入腌好的鲍鱼肉，姜丝铺在上面，倒上酱油，再放到蒸锅中蒸熟，取出后夹掉姜丝，撒上葱花即可。

扇贝

性味▶ 性寒，味咸。

营养成分▶ 含B族维生素、维生素E、脂肪、蛋白质、糖类、钙、磷、钾、钠、镁、铁、锌等。

选购▶ 要选外壳颜色比较一致且有光泽、大小均匀的扇贝，不能选太小的，否则因肉少而食用价值不大。

保存▶ 如果一次买回的活扇贝比较多，一时间吃不完，不要扔掉，先用纸巾把表面的水吸干，用报纸包好，放进保鲜袋密封，存放在冰箱冷冻层，这样可以保存一个月以上。

扇贝开壳清洗法

1 将扇贝放在水龙头下，用流水冲洗并用刷子刷洗贝壳。

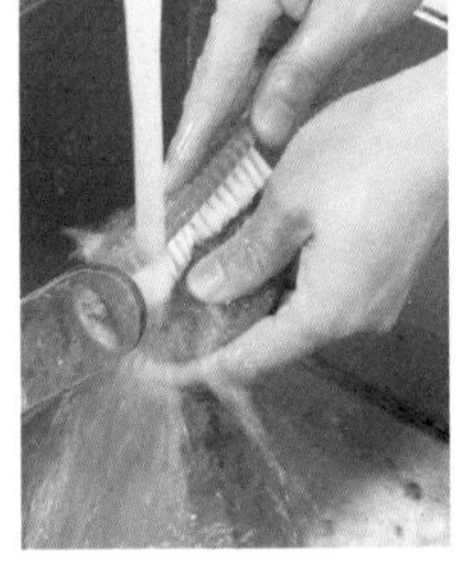

2 贝壳的两面都要刷干净。

3 把刀伸进贝壳的缝里。

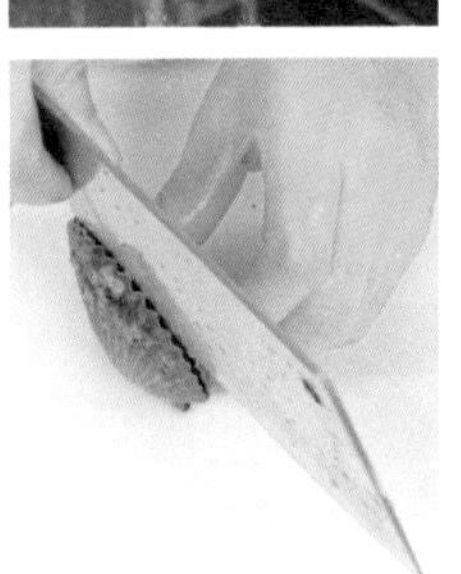

4 晃动刀，把两片贝壳分开。

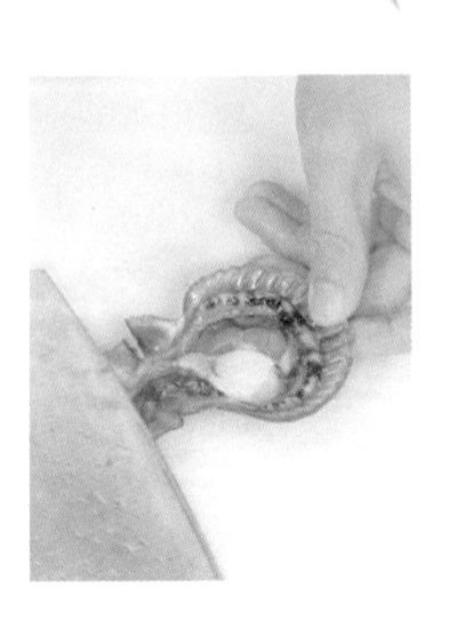

5 把扇贝的内脏清理掉。

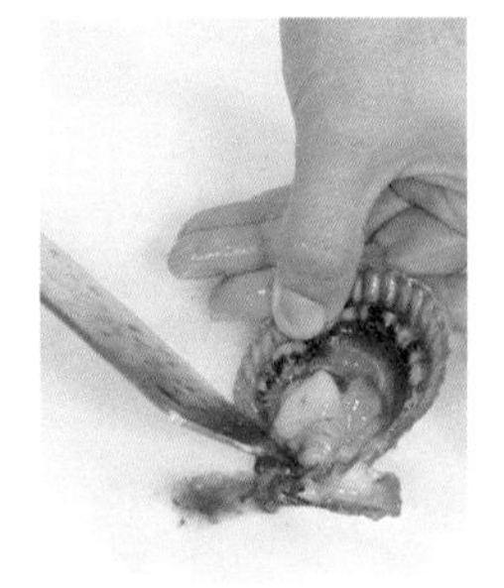

6 将扇贝肉冲洗干净，沥干。

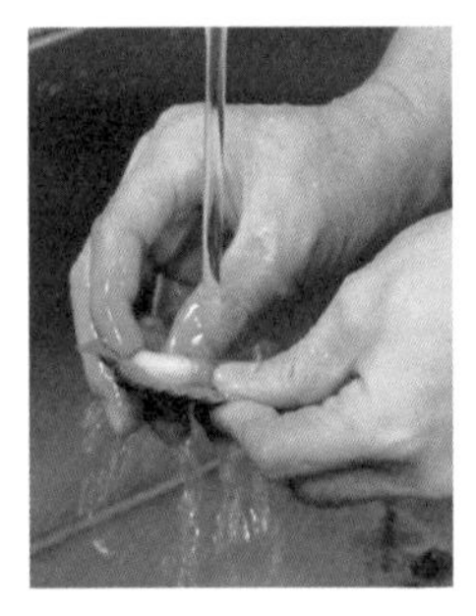

扇贝切十字花刀

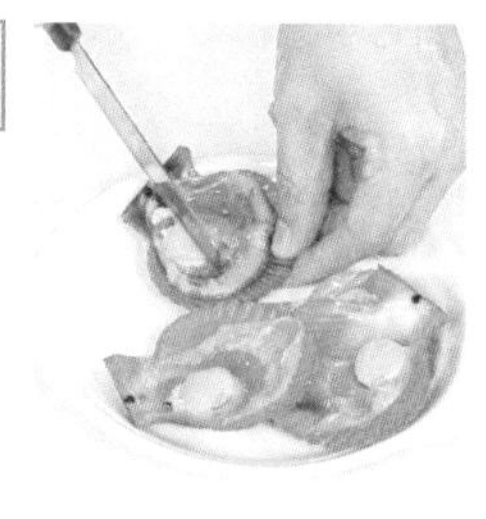

1 取洗净的扇贝，用刀在扇贝肉上先划一字刀纹。

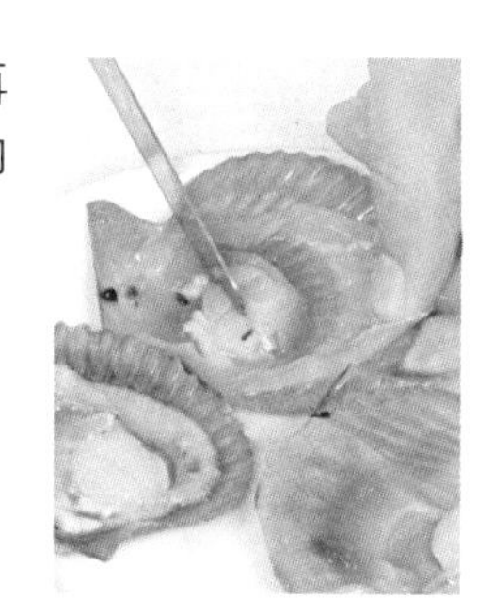

2 转一个角度，再划一字刀纹，即成十字刀纹。

金菇扇贝

材料	调料
扇贝4个	食用油10毫升
金针菇15克	食盐2克
红椒末、彩椒末各10克	鸡粉、白胡椒粉各适量

做法

❶ 将洗净的金针菇切成3厘米长的段。

❷ 将洗净的扇贝放在烧烤架上，烤1分钟至起泡，撒上适量食盐、鸡粉和白胡椒粉，烤至扇贝肉八成熟。

❸ 将金针菇段放在扇贝肉上，撒入少许食盐，放入红椒末、彩椒末，续烤1分钟至食材熟透即可。

小百科

扇贝是双壳类动物，其贝壳呈扇形，好像一把扇子，故得扇贝之名。它是名贵的海珍品之一，在我国沿海地区均有分布。

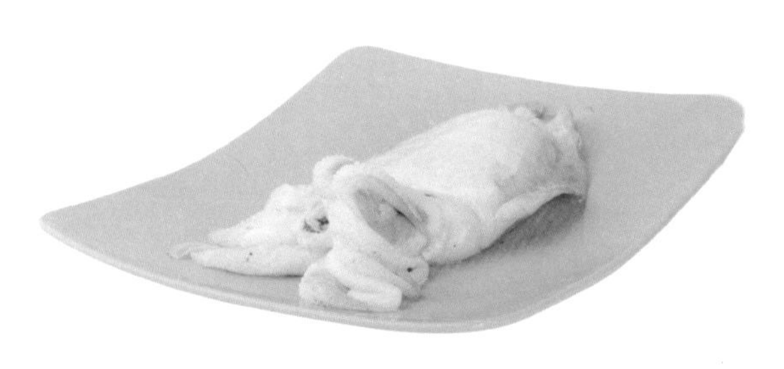

墨鱼

性味▶ 性微温，味咸。

营养成分▶ 含蛋白质、糖类、钾、碘、磷、硒、维生素E、叶酸等。

选购▶ 品质优良的鲜墨鱼，身上有很多小斑点，并隐约有闪闪的光泽。肉身挺硬、透明。

保存▶ 墨鱼干应放在冰箱里储存。如果没有冰箱，或冰箱装不下，可挂在窗台、阳台或通风的地方，或用白纸包起来保存。

墨鱼淀粉清洗法

1 用手撕开墨鱼的表皮，去掉外皮。

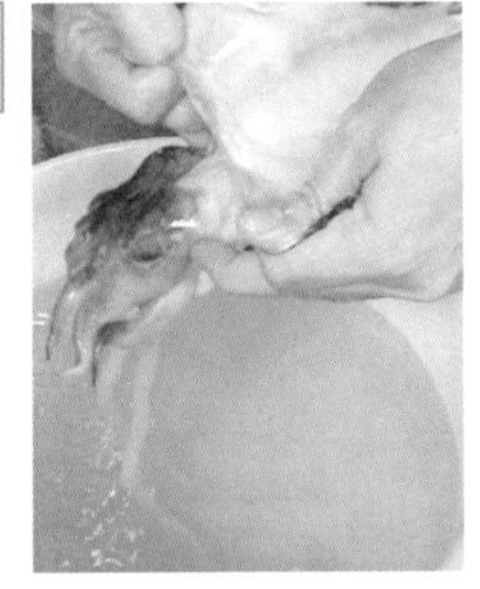

2 掰开墨鱼的身体，拉出鱼骨。

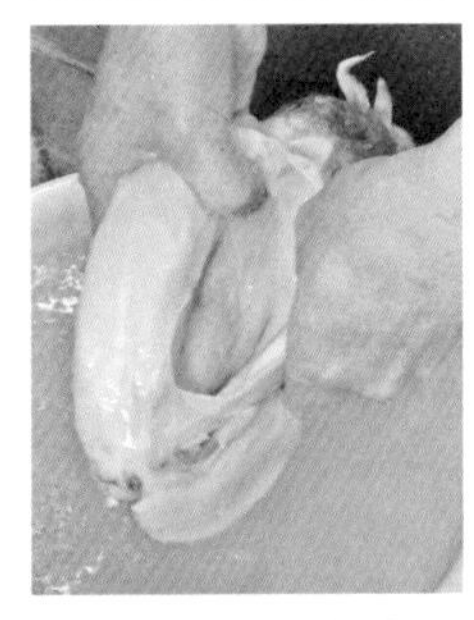

3 把墨鱼内脏和眼睛择除，取凹片状的墨鱼肉冲洗干净。

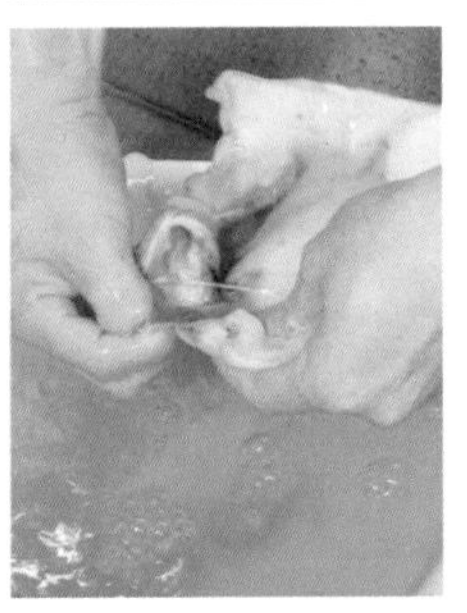

4 把墨鱼肉切块。

5 墨鱼肉加一勺淀粉、适量清水，浸泡10分钟左右。

6 将墨鱼肉放在水龙头下冲洗干净即可。

墨鱼切条

1 取一块洗净的墨鱼肉，将肉块边缘切整齐。

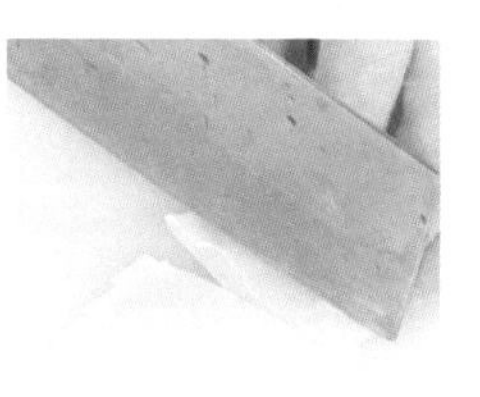

2 直刀从一端开始切条，依次将墨鱼肉切成同等宽度的条状即可。

小百科

在浩瀚的东海，生长着这样一种生物，它像鱼类一样遨游，但并不属于鱼类，它就是墨鱼。墨鱼是我国著名的海产品之一，深受群众喜爱。

墨鱼炒西蓝花

材料

西蓝花150克

墨鱼100克

姜丝、葱段各适量

调料

料酒3毫升

食盐2克

食用油适量

做法

❶ 洗净的西蓝花切成朵，处理好的墨鱼切成花刀。

❷ 锅中注入适量清水烧热，放入西蓝花，焯煮片刻，捞出；再放入墨鱼，焯煮片刻，捞出。

❸ 另起锅，倒入食用油烧热，放入墨鱼，炒匀，加入西蓝花、料酒、食盐，炒至入味，盛出，撒上姜丝、葱段即可。

鱿鱼

性味▶ 性平，味甘、咸。

营养成分▶ 含蛋白质、脂肪、糖类、钙、磷、硒、钾、大量牛磺酸等。

选购▶ 新鲜鱿鱼色泽光亮，鱼身有层膜，还有黏性，眼部显得清晰明亮。

保存▶ 鲜鱿鱼去除内脏和杂质，洗净，擦干水，用保鲜膜包好，放入冰箱冷冻室，可以保存一周。

鱿鱼清水清洗法

1 将鱿鱼放入盆中，用清水清洗一遍。

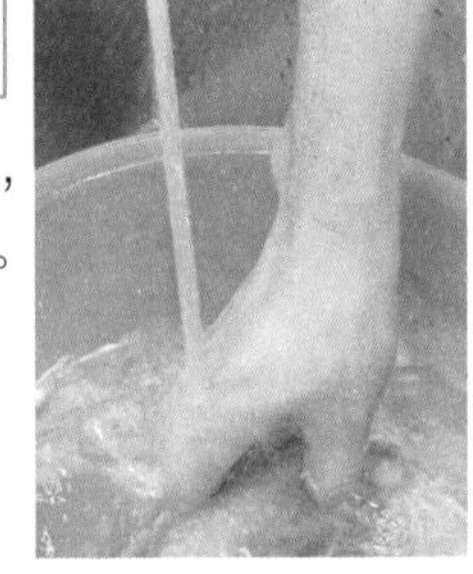

2 取出鱿鱼软骨。

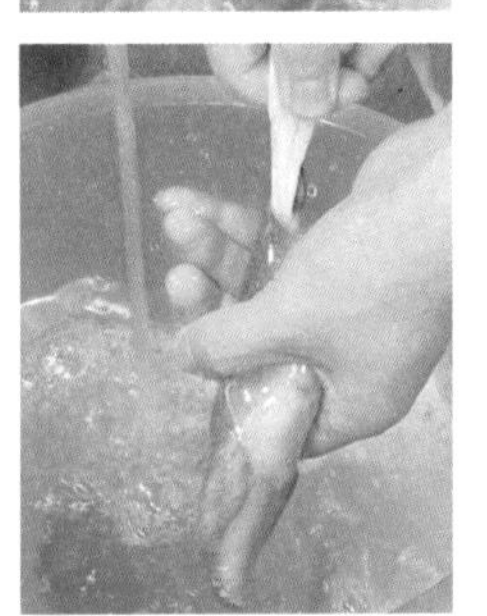

3 剥开鱿鱼外皮。

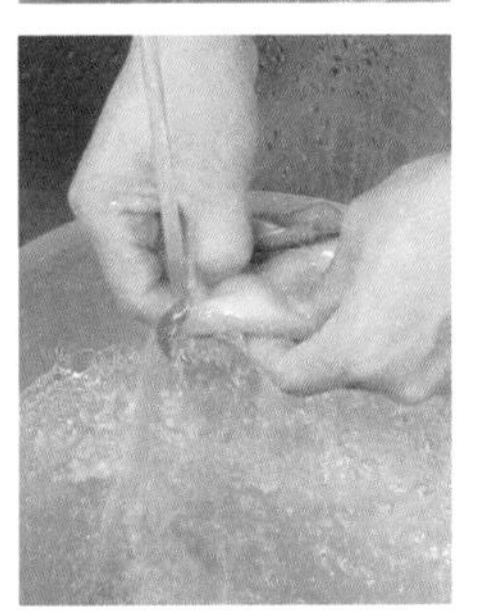

4 将鱿鱼肉取出后，用清水冲洗干净。

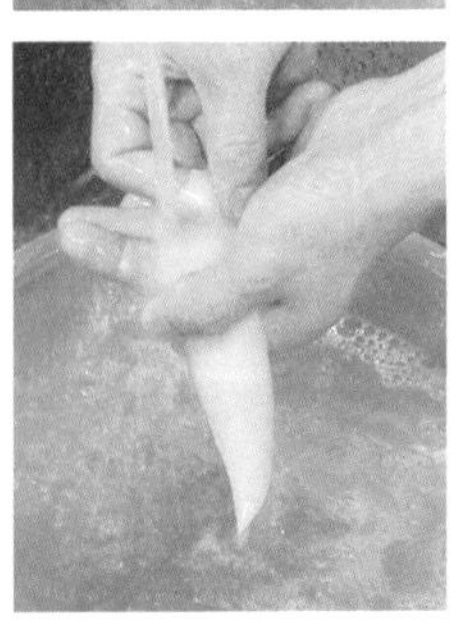

5 清理鱿鱼的头部，剪去内脏。

6 去掉鱿鱼的眼睛以及外皮，冲洗干净即可。

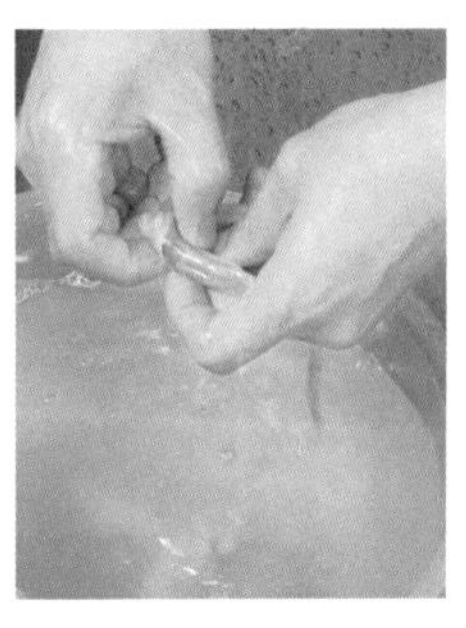

切鱿鱼圈

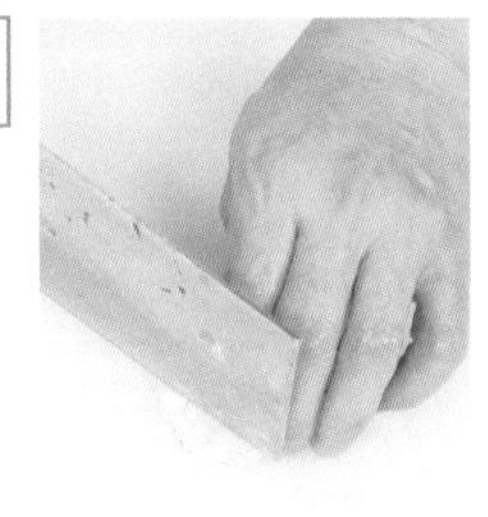

1 取一块洗净的鱿鱼肉，将圆形开口切整齐。

2 从鱿鱼圆形开口处用直刀切圈即可。

辣烤鱿鱼

材料

鱿鱼300克

蒜末3克

调料

生抽5毫升

红辣椒酱20克

芝麻油、食用油各适量

做法

❶ 洗净的鱿鱼切上花刀，再切成块，待用。

❷ 热锅注水煮沸，放入鱿鱼块，焯煮片刻后捞起，沥干装碗待用。

❸ 取碗，放入生抽、蒜末、芝麻油、红辣椒酱，拌匀，制成酱汁，倒入装有鱿鱼块的碗中，拌匀。

❹ 烤架加热，用刷子抹上食用油，放上鱿鱼，烤至两面熟即可。

小百科

鱿鱼是生活在海洋中的软体动物。大家习惯上称它为鱼，其实它并不是鱼，它是凶猛鱼类的猎食对象。

海参

性味▶ 性温，味甘、咸。

营养成分▶ 含蛋白质、维生素E、钠、钙、镁、胡萝卜素等。

选购▶ 参体应当为黑褐色，有的则颜色稍浅，鲜亮，呈半透明状。参体内外膨胀均匀呈圆形，肌肉薄厚均匀，内部无硬心。

保存▶ 活海参不要开膛，放进高压锅用海水煮10分钟，迅速用冷水过凉，放进矿泉水里，放入冰箱内冷藏，可保存15天左右。

海参白醋清洗法

1 将已经剖腹的海参用流水冲洗一会儿。

2 冲洗后的海参放入盆中，加白醋，注入热水。

3 将海参浸泡10分钟。

4 将卷着的海参肉撑开。

5 用手指甲刮除内膜。

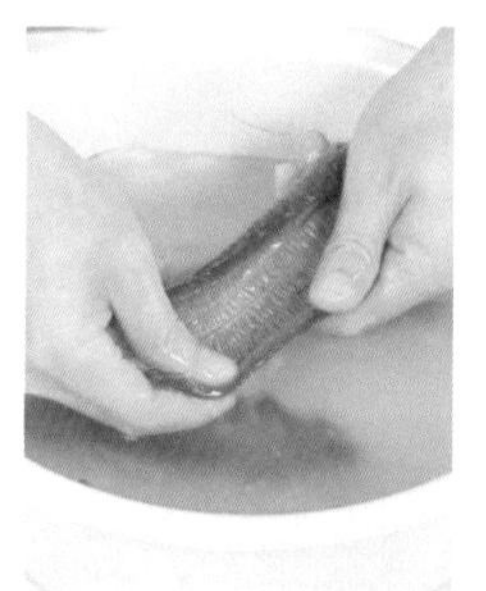

6 用流水冲洗一会儿即可。

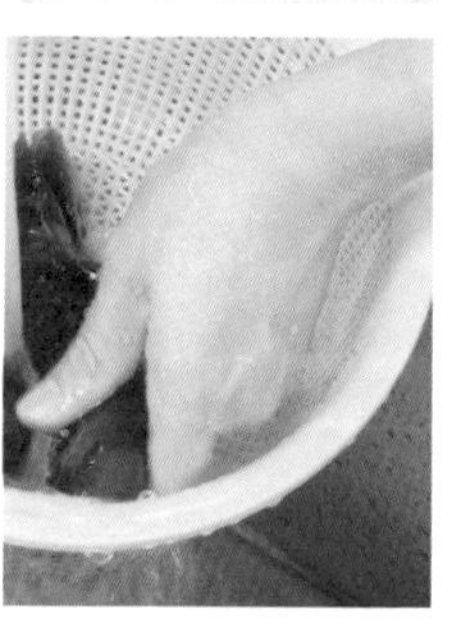

海参切丝

1 取一块洗净的海参，对半切开。

2 将海参片成薄片，再均匀地切成丝状即可。

小米海参

材料

水发小米200克
海参150克
小白菜适量
葱花、姜末、枸杞子各少许

调料

食盐3克
芝麻油3毫升

做法

❶ 枸杞子洗净；小白菜洗净后切末；海参泡发洗净，切成块。

❷ 砂锅注水烧开，倒入小米，煮至小米熟软；倒入海参，搅拌匀，用小火煮10分钟。

❸ 下入枸杞子、葱花、姜末、小白菜末，稍煮片刻；再放入食盐、芝麻油，拌匀即可。

小百科

海参是生活在海边至8000米深海的海洋软体动物，以海底藻类和浮游生物为食。全身长满肉刺，广布于世界各海洋中。

海蜇

性味 ▶ 性平，味咸。

营养成分 ▶ 含蛋白质、糖类、钾、钠、钙、镁、铁、锰、锌、硒、维生素B_1、维生素B_2等。

选购 ▶ 优质海蜇皮呈白色或淡黄色，有光泽感，无红斑、红衣。

保存 ▶ 取食盐和明矾，比例为500克海蜇皮兑50克食盐、5克明矾。将食盐和明矾放入温开水中化开，等凉凉后倒入坛中，最后放入海蜇皮，浸泡好后密封坛子，这样能保存很长的时间。

海蜇食盐清洗法

1 海蜇皮平摊在案板上，切丝。

2 海蜇皮装入碗中，加入清水。

3 在碗中倒入食盐。

4 将海蜇皮用手搓洗片刻后捞出。

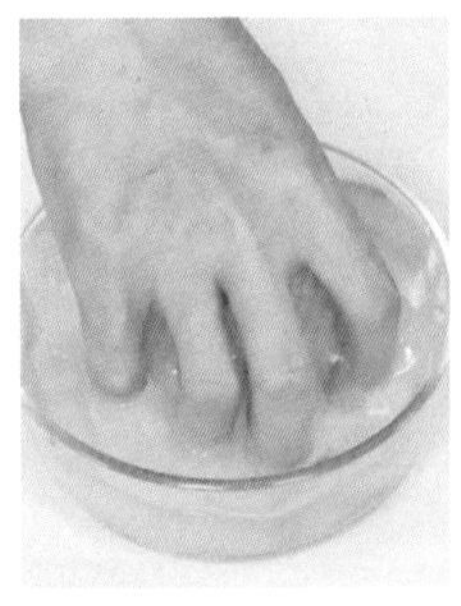

5 将海蜇皮用水冲洗沥干。

2人份

海蜇皮炒豆苗

材料

海蜇皮100克
胡萝卜80克
豌豆苗60克

调料

食盐3克
食用油适量

做法

❶ 洗净的海蜇皮切成丝；洗净的胡萝卜去皮，切成丝；豌豆苗洗净备用。

❷ 锅中注入清水烧开，放入海蜇皮、胡萝卜丝、豌豆苗分别焯煮片刻，捞出，沥干水分。

❸ 另起锅，倒入食用油烧热，放入海蜇皮、胡萝卜丝，炒匀，再加入豌豆苗、食盐，炒至入味，盛出即可。

海蜇切片

1 海蜇放砧板上。

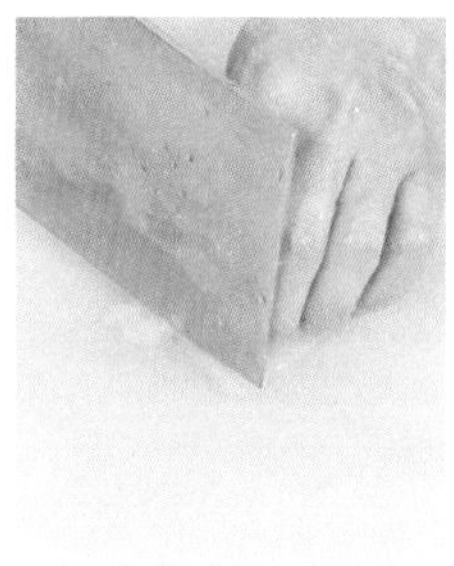

2 将海蜇皮切成片。

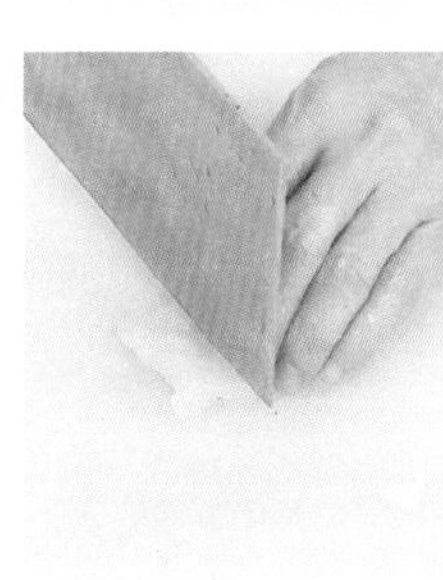

小百科

海蜇犹如一顶降落伞，也像一朵白蘑菇。形如蘑菇头的部分是海蜇皮，伞盖下像蘑菇柄一样的口腔与触须是海蜇头。

甲鱼

性味▶ 性平，味甘。

营养成分▶ 含蛋白质、脂肪、多种维生素、铁、钙、DHA、EPA、动物胶等。

选购▶ 凡外形完整、无伤无病、肌肉肥厚、腹甲有光泽、背胛肋骨模糊、裙厚而上翘的为优等甲鱼。

保存▶ 先将甲鱼固定住，可放在与它差不多大小的盒子里，或用网袋包装好，放入冰箱冷藏室，把温度调到2~8℃，可保存一个月。

甲鱼汆烫清洗法

1 沸水锅中放入甲鱼，烫约5分钟，捞出。

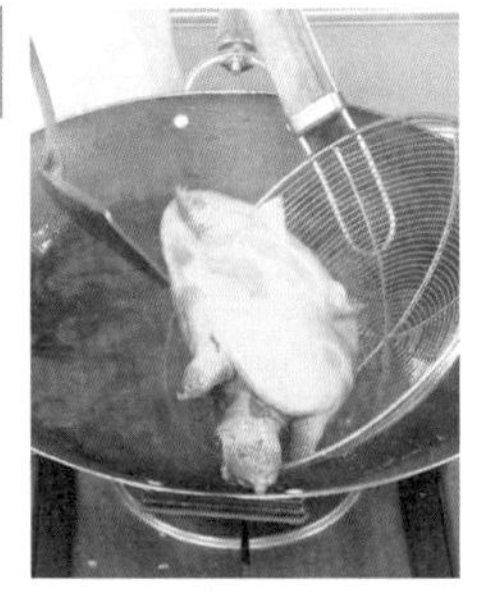

2 将甲鱼放入清水中，去掉黑膜及肚子上的薄皮。

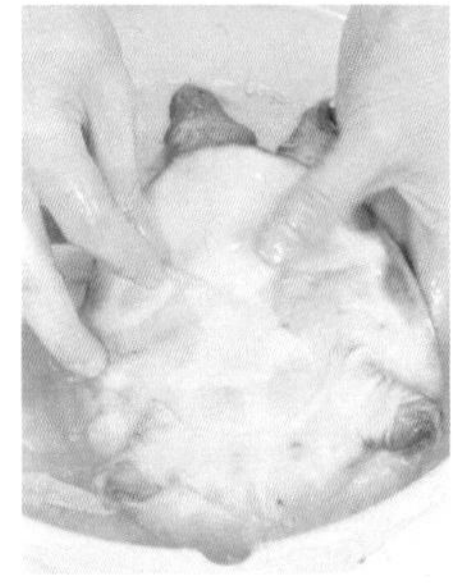

3 从甲鱼的裙边下沿周边切开，内脏剪掉洗净。

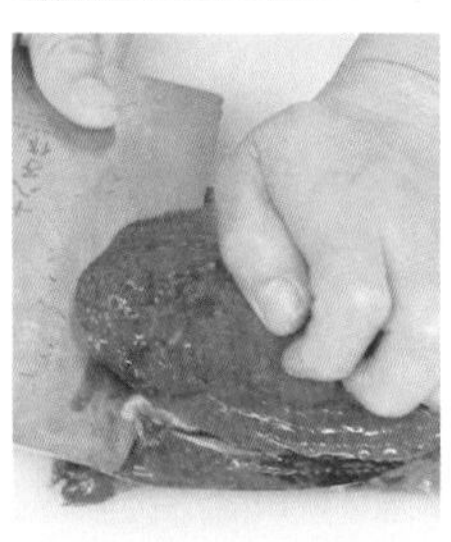

甲鱼整只分割

1 取一只去除了外部皮、膜的甲鱼，在背上平切一刀，沿着甲鱼的裙边切开，将甲鱼壳掰开。

2 在脖子上切一刀，将身体分成上下两半。

3 把甲鱼的上半部分切四小份。

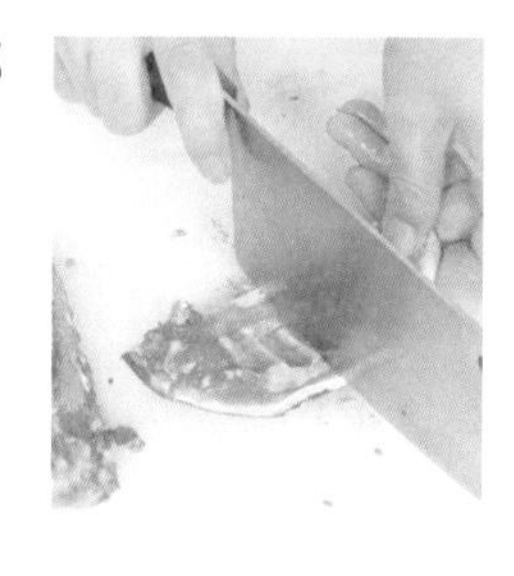

4 取甲鱼下半部分，也切成四份。

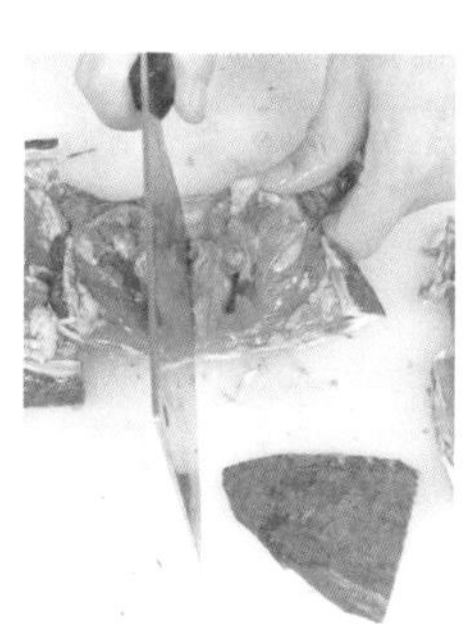

清炖甲鱼

材料

甲鱼块400克

姜片、枸杞子各少许

调料

食盐、鸡粉各2克

料酒6毫升

做法

❶ 锅中注水烧开，淋入料酒，倒入备好的甲鱼块，搅匀，煮约2分钟，待汤汁沸腾后掠去浮沫，捞出，沥干水分。

❷ 砂锅中注水，用大火烧开，倒入甲鱼块，放入洗净的枸杞子、姜片，拌匀，再淋入料酒提味，盖上盖，煮沸后转小火煲煮约40分钟，至食材熟透。

❸ 取下盖子，加入食盐、鸡粉，搅拌匀，续煮片刻至入味，关火后取下砂锅即可。

小百科

甲鱼是我国传统的名贵水产品，自古以来就以美味滋补闻名于世，是一种用途很广的滋补药品和中药材料。

牛蛙

营养成分▶ 含蛋白质、糖类、钙、磷、钾、钠、镁、铁、锌、铜、维生素B_2、烟酸等。

选购▶ 牛蛙活泼时，碰它的头，下巴会弯曲，勾进来是最好的。

保存 ▶ 买来的活牛蛙，如果要保存，放在桶里，加2厘米深的水，盖上加重了的盖子，可以饲养3天。

牛蛙斩头清洗法

1 用刀在头部与前肢处划一个口子，将皮褪掉。

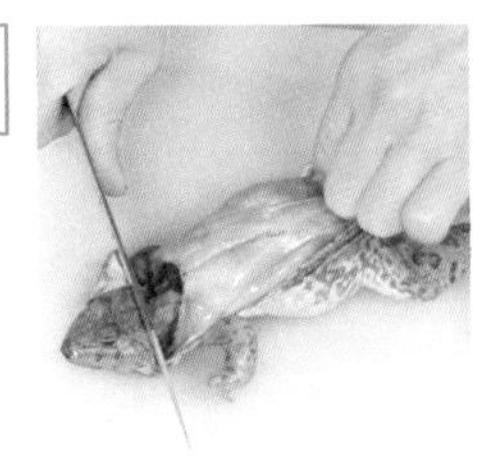

2 切掉牛蛙的头，切开牛蛙的身子，露出内脏。

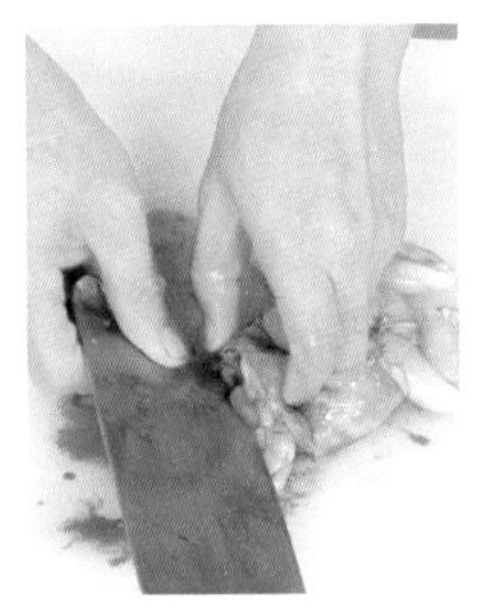

3 将牛蛙肠子及其他内脏清理干净，用清水冲洗干净即可。

牛蛙切块

1 取一只洗净、剥皮的牛蛙，将其前腿切下。

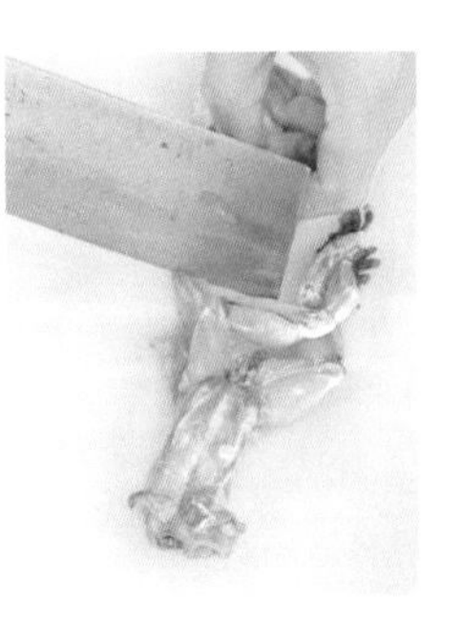

2 在牛蛙躯干中间切一刀。

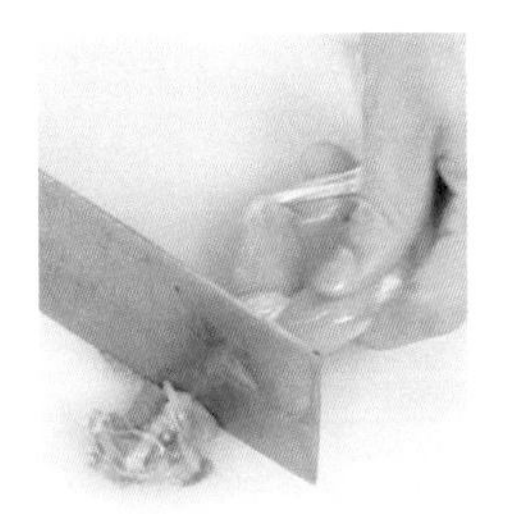

3 将牛蛙的躯干切成小块。将两条牛蛙腿切开。

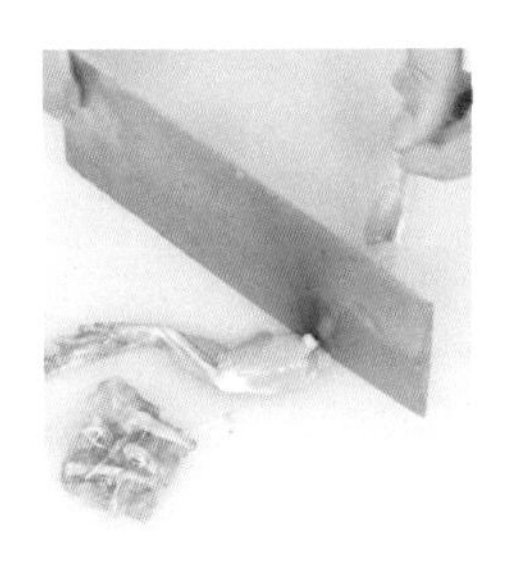

4 将蛙腿切成块状，切掉脚趾。将蛙身与蛙腿的肉块一起装盘。

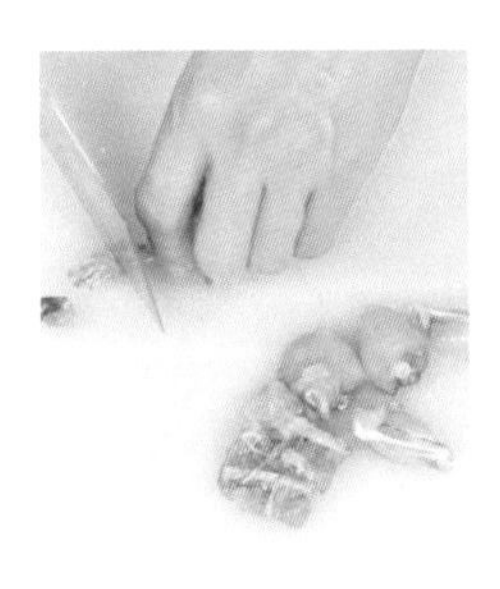

苦瓜牛蛙汤

小百科

蛙科动物，独居的水栖蛙，因其叫声大且洪亮酷似牛叫而得名，故名牛蛙，为北美最大的蛙类。

材料

苦瓜块150克

牛蛙300克

蒲公英5克

清鸡汤200毫升

调料

食盐、鸡粉各2克

料酒5毫升

做法

❶ 砂锅中注入适量清水、清鸡汤，放入备好的蒲公英，用大火煮开后转小火煮20分钟至其析出有效成分，捞出蒲公英。

❷ 倒入切好的牛蛙、苦瓜块，加入料酒，拌匀，用大火煮开后转小火煮40分钟至食材熟透。

❸ 加入食盐、鸡粉，拌匀，盛出煮好的汤料，装入碗中即可。